U0412667

国家林业局林业公益性行为科研专项
“珍稀濒危植物沙冬青衰退诊断及保育技术研究”(项目编号:201304305)资助

荒漠 濒危 生存

沙冬青衰退与真菌群落结构的耦合关系研究

王珊 高永 魏杰 党晓宏/著

图书在版编目（CIP）数据

荒漠 濒危 生存：沙冬青衰退与真菌群落结构的耦合关系研究/王珊，高永，魏杰，党晓宏著.——北京：经济管理出版社，2018.6
ISBN 978－7－5096－5769－0

Ⅰ.①荒… Ⅱ.①王… ②高… ③魏… ④党… Ⅲ.①冬青科—根系—土壤真菌—研究 Ⅳ.①Q949.754.6

中国版本图书馆 CIP 数据核字(2018)第 090597 号

组稿编辑：李红贤
责任编辑：王光艳 李红贤
责任印制：黄章平
责任校对：陈 颖

出版发行：经济管理出版社
（北京市海淀区北蜂窝 8 号中雅大厦 A 座 11 层 100038）
网 址：www.E－mp.com.cn
电 话：（010）51915602
印 刷：北京玺诚印务有限公司
经 销：新华书店
开 本：720mm×1000mm/16
印 张：10.75
字 数：126 千字
版 次：2018 年 8 月第 1 版 2018 年 8 月第 1 次印刷
书 号：ISBN 978－7－5096－5769－0
定 价：58.00 元

前　言

西鄂尔多斯国家级自然保护区是以保护古老孑遗濒危植物及荒漠生态系统为主要对象的荒漠生态系统类型自然保护区。保护区地处内蒙古自治区西北部，位于黄河东岸与鄂尔多斯高原西部边缘之间的狭长地带上，是我国西北部荒漠地区的生态脆弱地带。保护区内具有丰富的受国家保护的濒危古地中海残遗植物，是我国西北干旱地区生物多样性研究的热点区域之一。保护区处于草原向荒漠过渡的地带上，景观生态类型多样组合，拥有占全部植物种类近 2/3 的珍稀、濒危、古老的特有植物，这些珍稀的古老孑遗特有种成为植物群系中的建群种和优势种，构成干旱荒漠地区罕见的景观类型。起源于古地中海沿岸的第三纪孑遗植物沙冬青在此生存并延续至今，但因环境变化和人为破坏的双重威胁，目前已出现严重退化的现象。沙冬青衰退的真正原因以及如何对其进行有效的保护等研究内容已经受到学术界的普遍关注。本书利用热成像技术将沙冬青群落划分为不同的衰退等级，首次应用高通量测序分析对不同衰退等级的沙冬青根内生真菌及根围土壤真菌进行了探讨，主要结论如下：

河边、山脚、路边、化工厂、山坡 5 个生境的沙冬青群落的根内生真菌物种多样性为山脚 > 山坡 > 路边 > 河边 > 化工厂。从门的水平上来看，Basidiomycota 门真菌在山脚、化工厂和山坡上的沙冬青群落中占绝对优势，Ascomycota门真菌在河边的沙冬青群落中占绝对优势，Ascomycota和Basidiomycota门真菌在路边的沙冬青群落中比例相当且占比都较大。从科属的水平上来看，5个生境的沙冬青根内生真菌的群落结构差异非常显著。5个不同生境沙冬青根内生真菌的优势属（丰度大于1%）中腐生真菌或寄生真菌与“共生”真菌的比例相差很大，河边的沙冬青群落腐生真菌或寄生真菌占比最高，山坡上的沙冬青群落共生真菌类群占比最高。

5个生境沙冬青根内生真菌的“建群类群”为*Tomentella*、*Tricholoma*、*Fusarium*和*Sebacina*。不同衰退等级沙冬青根内生真菌的“建群类群”有一定差异，且其群落结构在门、科、属水平上都有显著差异。Top10属中的*Agaricus*、*Tomentella*、*Tricholoma*、*Fusarium*、*Inocybe*及*Tuber* 6个属的真菌在所有衰退等级的沙冬青中都有分布。不同衰退等级的沙冬青根内都有腐生或寄生真菌和“共生”真菌分布，其占比不同且呈现出动态变化：随着衰退等级的增加，沙冬青根内腐生真菌或寄生真菌与共生真菌比例显著增高。当腐生真菌或寄生真菌的比例高于共生真菌比例一般会引起病害的发生，这可能是导致沙冬青群落衰退的原因之一。土壤有机质与土壤容重具有协同作用，且对*Agaricus*、*Inocybe*、*Fusarium*、*Penicillium*、*Amphinema*具有正相关的影响，对*Tricholoma*、*Tomentella*、*Tuber*具有负相关的影响。

不同衰退等级的沙冬青群落的根围土壤真菌在群落结构上差异十分显著，共生真菌类群的种类和数量显著减少。从属水平来看，根内生真菌Top10属中的*Agaricus*、*Inocybe*、*Tomentella*、*Tricholoma*、*Tuber*、*Amphinema*、*Sebacina*、*Ilyonectria*不在土壤中的Top10属。根内生真菌和根围土壤真菌Top10属共有的*Fusarium*和*Penicillium*在土壤中的占比显著增加。

不同衰退等级的沙冬青群落的根围土壤真菌群落结构在门、科及属水平上都有显著差异，土壤中的真菌 Top10 属中的腐生或寄生真菌类群多且占绝对优势，而共生真菌类群较少且占比较低。有机质和土壤容重对不同衰退等级的沙冬青群落的根围土壤真菌群落结构的影响很大，对大部分腐生或寄生真菌的影响呈正相关。*Fusarium*、*Penicillium*、*Gibberella*、*Alternaria*、*Phoma* 的占比在衰退的沙冬青群落中明显增加，表明高有机质含量和高土壤容重有利于腐生或寄生真菌的生长。

沙冬青—霸王混合群落中，沙冬青和霸王的根内生真菌的丰富度和多样性都大于沙冬青或霸王的单独群落，Basidiomycota 门真菌在所有群落中都占绝对优势。科、属水平上，沙冬青单独群落、霸王单独群落以及沙冬青—霸王混合群落中根内生真菌的群落结构差异显著。属水平上，沙冬青—霸王混合群落中的沙冬青和霸王根内生真菌群落中的共生真菌类群比各自单独群落中的共生真菌类群有显著提高，而腐生真菌或寄生真菌类群显著减少。沙冬青和霸王的根内生真菌群落结构非常相似，这可能是沙冬青—霸王混合群落面积增加的内在原因之一。

本研究经分离培养获得沙冬青根内生真菌菌株 6 个，它们在菌落颜色、是否有气生菌丝等方面有所不同。经分子鉴定，这 6 个菌株隶属于粘帚霉属 *Clonostachys* 和镰刀霉属 *Fusarium*，其中 5 个菌株为 *Fusarium* 属真菌、1 个为 *Clonostachys* 属真菌。液体培养获得 4 个菌株的菌剂，对沙冬青幼苗进行回接实验表明，*Clonostachys* 的 1 个菌株和 *Fusarium* 的 3 个菌株没有对沙冬青幼苗产生致病性。

本研究首次应用高通量测序分析对沙冬青的根内真菌及根围土壤真菌进行了研究，填补了沙冬青在此方面研究的空白。根内生真菌中出现的大量共生真菌类群是常被报道的外生菌根真菌类群，这些真菌是否与沙冬青形成共生组织、是否为沙冬青提供必需的营养和水分还需要今后的深入研究。沙冬青根内生真菌 *Fusarium* 对沙冬青的作用还有待进一步研究，*Clonostachys* 菌株的生防潜力还有待开发。

高永教授对本书研究内容进行了整体设计，王珊、魏杰、党晓宏三位博士通力合作，在王珊博士论文的基础上修改完善了本书的全部内容。本书在撰写的过程中参考引用了国内外的有关书籍和文献，特此感谢。感谢内蒙古财经大学在读硕士研究生李金锴、娜日格勒在资料整理过程中付出的辛勤劳动。本书的编辑出版得到了经济管理出版社王光艳老师和编辑人员的大力支持，在此表示衷心的感谢。

由于著者学术水平有限，书中不足之处，恳请读者不吝赐教。

作者

2018 年 3 月

目　录

1 引言

1.1 研究背景及依据

自然保护区是指对有代表性的自然生态系统，珍稀濒危野生动植物物种的天然集中分布区，有特殊意义的自然遗迹等保护对象所在的陆地、陆地水体或者海域，依法划出一定面积予以保护和管理的区域（《中华人民共和国自然保护区条例》中定义）。自然保护区又称“自然禁伐禁猎区”，其主要功能是保护自然生态环境和生物多样性，保证生物遗传资源和景观资源能够可持续利用，为科学研究、科普宣传、生态旅游提供基地。

西鄂尔多斯国家级自然保护区是以保护古老、孑遗、濒危植物及荒漠生态系统为主要对象的荒漠生态系统类型自然保护区。保护区地处内蒙古自治区西北部，位于黄河东岸与鄂尔多斯高原西部边缘之间的狭长地带上，是我国西北部荒漠地区的生态脆弱地带。保护区内具有丰富的受国家保护的濒危古地中海残遗植物，是我国西北干旱地区生物多样性研究的热点区域之一。保护区处于草原向荒漠过渡的地带上，景观生态类型多样组合，拥有占全部植物种类近 2/3 的珍稀、濒危、古老的特有植物，这些珍稀的古老孑遗特有种成为植物群系中的建群种和优势种，构成干旱荒漠地区罕见的景观类型。西北部乌兰布和沙漠的向东扩展加快了保护区的荒漠化速度，再加上近年来人类不合理的开发利用，使本来就十分脆弱的生态环境更加恶化，直接影响到保护区中植物的生长。起源于古地中海沿岸的第三纪孑遗植物沙冬青在此生存并延续至今，但因环境变化和人为破坏的双重威胁，目前已出现严重退化的现象。沙冬青衰退的真正原因以及如何对其进行有效的保护等研究内容已经受到学术界的普遍关注。

已有的研究表明，灰斑古毒蛾以沙冬青未成熟果荚及种子为食使得沙冬青结籽率和种子质量下降（王雄，2002），以及生态环境的恶化和落地种子不宜获得适宜生长发育的条件是造成沙冬青衰退、稀有的重要原因。目前对于沙冬青衰退的原因，本项目组其他成员已经从土壤水分、养分、病虫害、其他种入侵、环境污染、气候变化等多方面进行了研究。在此基础上，本文主要针对土壤根围微生物及根内生真菌与沙冬青群落退化的相关性进行研究。

1.1.1 沙冬青成为学术界研究热点

沙冬青（*Ammopiptanthus mongolicus*）生长于亚洲中部的荒漠中，是第三纪中地中海地区孑遗种，国家二级珍稀濒危保护植物，常绿阔叶超旱生灌木。因为沙冬青属于古老地中海地区的孑遗植物，所以对分布区生物多样性起源与进化、生态系统演变、古植物区系等方面的研究具有重要的学术价值，同时也受到国内外生态学、地理学、生理学、生物学、遗传性等研究学者的普遍关注。作为荒漠地区群落的建群种之一，沙冬青对于保持所分布区域内生态系统的平衡与稳定发挥着巨大的作用。沙冬青具有很强的耐寒、耐旱、耐高温、抗逆和耐贫瘠等特性，是干旱荒漠地区水土保持和固沙防风的优良树种。沙冬青株型低矮紧凑，开花期花团锦簇，又是干旱荒漠地区唯一的常绿阔叶灌木，因此，如果可以应用于我国北方园林中，能够产生良好的景观视觉效果。

沙冬青所分布的地区，地形大多是低山、山间沟谷和丘间平原，土壤为有机质含量较低的荒漠土，并且与粗砾质、砂质和石质的基质相联系，常有厚度为5～25厘米、处于固定或半固定状态的覆沙。在其生存的环境中，会形成块状或带状的荒漠群落，覆盖度在30%左右，往往与霸王（*Zygophyllum xanthoxylum*）、红砂（*Reaumuria songarica*）、四合木（*Tetraena mongolica*）等旱生植物组成共建灌木群落。沙冬青是在防风固沙、荒漠化防治、药用、园林绿化等方面具有重要作用的荒漠植物。西鄂尔多斯国家级自然保护区是沙冬青的重要分布区域，由于自然环境的日益恶化，该区域内的沙冬青群落已经严重退化，群落分布面积日趋缩小，目前已经难以发挥其防风固沙、保护生态环境的作用。

西鄂尔多斯国家级自然保护区中沙冬青的分布虽然相对稀疏，且生产力较低，但其适应荒漠生态环境的特性，在维持该区域物质与能量的循环往复、防止该区域进一步荒漠化等方面发挥着重要的生态作用。沙冬青作为西鄂尔多斯国家级自然保护区重要的建群植物、优良的固沙防风材料，对于维持当地生态平衡、改善局地小气候等具有重要的生态意义。因此，关于沙冬青的科学研究，对揭示其濒危机制、制定科学合理的保护措施和有效的开发利用对策具有重要的科学价值和现实意义，且已成为荒漠地区生态环境保护的研究热点。

1.1.2 植物非接触式无损伤诊断技术的急需

沙冬青分布范围狭小，生境严酷，天然更新能力差。加之遭受人类活动的破坏，因而出现了不同程度的衰退，生存现状岌岌可危，必须采取有效的措施对其进行繁育和保护。然而，在保护过程中，正确诊断沙冬青植株的生长状态和衰退程度，从而采取相应的人工措施促进其复壮是首先要解决的问题。传统调查植株生长状态及评价植物衰退状况的方法大多是测定光合、蒸腾等生理指标，生物量和生长势等生长指标，但这些方法比较烦琐耗时，大量的试验或操作不当还会导致植株叶片受到损伤，同时存在以样点代表总体的严重不足。因此，亟须一种快速方便、准确可靠的非接触式无损伤诊断技术来调查植株的生长状态及评价植物的衰退状况。

基于热能的红外热成像是一种避免人体直接接触的肉眼所能看见的技术。它能观测人体肉眼不可见的红外波段的光谱，通过红外探测器将物体自身的温度传至显示屏，并以图像的形式将空间分布显现。物体自身热辐射能量的大小与其表面温度紧密相关，利用这个特点，可以对目标物体实现实时的、无损的热状态分析。这项技术已经被广泛认可并被应用于植物生理学、植物生态生理学、环境监测和农业领域。早在 1980 年初期，该项技术已经广泛应用于工业、农业、环境保护和科学研究。在植物学方面，该技术被用来研究植物叶片气孔运动、光合特性，现也用来研究植物抗旱性、盐胁迫、气孔突变、植物基因类型。

通常情况下，植物通过蒸腾作用来控制自身温度的相对稳定性。例如，植物生存在十分干旱的环境条件下，它会通过降低气孔导度和减弱蒸腾强度等气孔行为来适应干旱胁迫。然而，蒸腾作用的改变又与植物表面温度的高低紧密相关，所以，植物对外界环境的适应过程会通过一些生理指标反映，从而体现在植物热量和温度的变化上，即植物表面温度会随着蒸发蒸腾作用、光合作用以及环境因素的改变而变化。不可否认的是，影响植物蒸腾作用与光合作用的因素有很多，但是它在反映植物水分及气孔状态中具有重要的主导作用。基于这一原理，不少专家学者已将其作为一种水分和环境胁迫的监测指标。

邱国玉提出了一种基于气温、表面温度及参考表面温度的“三温模型”，该模型不仅可以用来计算植物的蒸散量，还可以评价当地的环境质量，具有普适性、计算简便、适应性广、易观测等特点。近年来，该模型在遥感领域获得一致好评，并被广泛采用。该模型包含植被蒸腾模型、土壤蒸发模型、植被蒸腾扩散系数、土壤蒸发扩散系数及作物水分亏缺系数 5 个基本模型。其中，土壤蒸发扩散系数被用来评价土壤水分状况与环境质量，而植被蒸腾扩散系数被用来评价植被水分状况与环境质量。通过引入没有蒸腾的参考植被表面温度，就可以计算植被蒸腾量和植被蒸腾扩散系数。

本研究在利用红外热成像技术的基础上，通过野外现地获取图像，室内运用 ENVI 软件提取植被冠层表面温度，同时将其代入三温模型理论中计算植被蒸腾扩散系数，进而探索不同株龄的沙冬青植被蒸腾扩散系数与其光合参数之间的相关关系，以期为沙冬青衰退程度诊断提供一种快速、准确的技术，以此来提高保育水平。

1.1.3 土壤真菌和内生真菌研究作为突破点

土壤真菌是土壤中的真菌类群，包括半知菌、接合菌、担子菌及子囊菌，是生态系统的重要组成部分。土壤真菌根据对植物的作用，又被划分为有益菌和病原菌。土壤真菌通过物质循环、能量转换与宿主植物相互作用，改变植物土壤特性，促进土壤有效养分的转化与储存，从而提高植物的生长，这类真菌是有益菌。而病原菌则入侵植物，造成植物不同器官的损害。有益真菌和病原菌的多样性及群落结构组成是评价其所在生态系统健康稳定的重要指标之一。

土壤真菌群落是一个有机整体，在组成和数量上呈现动态变化，与气候、土壤养分以及植物密切相关。土壤真菌组成和数量会随以上环境的变化而变化，如植物通过分泌根际分泌物来影响土壤真菌群落的组成，或与某些土壤真菌形成菌根，提高这些土壤真菌的竞争能力从而限制其他真菌的发展，进而影响土壤真菌的多样性。反过来，环境因素如土壤和植被也会响应土壤真菌的群落组成变化而发生改变，如土壤真菌分泌促进植物生长的物质促进植物生长，或形成植物病害从而造成植物群落衰退。

内生真菌最早是在植物的根部发现的，由 De Bary 在 1866 年提出的。Petrini 在 1991 年对内生真菌概念进行了定义："是指在植物生活史的某一个阶段存在于植物体内的，对植物没有造成明显病害的微生物，包括那些在其生活史的某一时期生活在植物组织外面的腐生菌，对宿主暂时无伤害的潜伏性病原菌和菌根菌。"内生真菌被认为是生态学概念而不属于分类学范围，是植物微生态系统的重要组成部分。内生真菌的物种多样，种类超过 100 万种（Clay and Holah，1999），常见半知菌亚门的内生真菌有青霉属 *Penicillium*、镰孢菌属 *Fusarium*、丛梗孢属 *Monillia*；子囊菌亚门的内生真菌有毛壳菌属 *Chaetomium*、根盘菌属 *Rhizopycnis*（Petrini，1991）。内生真菌的宿主植物种类多样，遍及整个植物界。内生真菌在不同环境、不同植物的种类、丰富度（即群落结构）上具有很高的多样性。内生真菌长期寄生在植物体内，与宿主植物进行物质、能量、遗传信息等交流，宿主植物为内生真菌提供适合的生存空间，内生真菌也通过自身的代谢产物对植物生长产生影响，如增强植物抗逆性、促进植物生长发育、促进植物次生代谢产物合成，还会影响生物群落和生态系统。

西鄂尔多斯国家自然保护区沙漠化导致该地区生态系统极其脆弱，作为建群种的沙冬青群落出现不同程度的衰退。沙冬青群落衰退是否在土壤真菌和根内生真菌的群落结构上有所体现是本研究关注的重点。

1.2 研究目的与意义

西鄂尔多斯国家自然保护区是典型的荒漠草原及草原荒漠化地区，沙漠化是该地区土地退化的主要原因。该地区生态系统极其脆弱，植物群落多以珍稀濒危植物为建群种，这些植物对保持该区域生态系统平衡与稳定具有重要的现实意义。本研究的目的在于利用热成像技术将沙冬青群落划分为不同衰退等级，通过高通量测序研究不同衰退等级的沙冬青群落土壤真菌及根内生真菌群落的组成及丰度，旨在揭示沙冬青群落衰退与土壤真菌及根内生真菌的群落组成是否存在必然联系，为沙冬青的保护与利用提供依据，并填补沙冬青土壤真菌和根内生真菌研究的空白。

1.2.1 现实意义

1.2.1.1 对研究和保护沙冬青具有重要的意义和价值

我国 1984 年公布的《中国珍稀濒危保护植物名录》中，共收录了 389 种保护植物，其中荒漠保护植物种类的数量为 16 种。分布在内蒙古自治区的荒漠保护植物有11种，其中部分植物是内蒙古自治区所特有的种类，它们主要分布于西鄂尔多斯及阿拉善的荒漠地区，大多数为该地区荒漠群落的建群种或优势种。西鄂尔多斯国家自然保护区中的沙冬青、半日花（*Helianthemum ordosicum*）、四合木（*Tetraena mongolica*）、绵刺（*Potaniniamongolica*）均为第三纪古地中海地区孑遗植物，沙冬青是保护区中最具代表性的古老残遗珍稀濒危植物之一，它能够长期在恶劣的自然环境中繁衍生息至今，对于西鄂尔多斯荒漠地区乃至整个亚洲中部荒漠区的荒漠植物生态系统都具有非常重大的意义。研究与保护珍稀濒危荒漠植物沙冬青，对于亚洲中部荒漠，特别是对研究我国荒漠植物区系的起源以及与地中海植物区系的联系具有重要的科研价值。近年来，西鄂尔多斯国家自然保护区中沙冬青群落出现严重的衰退现象，部分地区沙冬青开始枯死，数量急剧减少，加之其自然更新非常缓慢，探索沙冬青退化原因并对其进行人工诊治与保护，对恢复具有防风固沙和生态调节价值的珍稀濒危植物沙冬青种群具有重要的现实意义。

1.2.1.2 对西鄂尔多斯国家自然保护区生态系统的恢复与重建具有重要的科学意义

西鄂尔多斯国家自然保护区位于内蒙古自治区西部，在内蒙古自治区境内黄河大弯南部的东岸与鄂尔多斯高原西部之间的狭长地带，身处内陆、远离海洋，属于半干旱偏旱和偏温荒漠气候地带，是我国北方生态系统极其脆弱的地区。该区域地理环境在空间上于不同地质历史时期频繁变更，属于古地中海环境变迁的敏感地带。目前，该区域正处于地质历史上以千年为尺度的偏冷、偏干燥的脆弱时期，干旱气候影响的区域范围有所增大。在多风沙、少降水的干旱气候条件下，人类活动却在不断增加，现代工业企业发展引起的环境污染问题以及人类樵采、无序垦荒、过度放牧等行为增大了该区域的土地承载量，造成了严重的土地退化现象，也破坏了该区域的生态系统。原有的自然植被景观破碎化、生态环境岛屿化。沙冬青的数量和种类大量减少，使那些对生态环境非常敏感的珍稀濒危植物的生存条件受到威胁，也使该区域的生态环境在气候干旱、沙化严重、环境污染和人为干扰破坏等多种不利因素的主导下，出现不可逆的恶化趋势。开展对沙冬青衰退过程及真菌多样性的相关研究，使保护沙冬青及其生态环境成为该区域生态环境治理与恢复的重要工作，通过研究探明该区域沙冬青的衰退规律，进而制定合理可行的生态环境保护对策和措施，对巩固和加强沙冬青等珍稀濒危建群植物对该区域生态环境的保护功能，对进行该区域的荒漠化防治，以及对恢复和重建西鄂尔多斯国家自然保护区生态系统的多样性和稳定性具有重要的科学意义。

1.2.1.3 对西鄂尔多斯国家自然保护区中其他珍稀濒危植物的研究与保护提供借鉴

西鄂尔多斯国家自然保护区是我国西北干旱荒漠地区濒危特有植物的分布地带，该区域不仅是研究我国西北地区生物多样性的重点区域，也是研究亚洲中部干旱地带生物多样性的关键区域之一。起源于古地中海沿岸的沙冬青、四合木、半日花、绵刺、蒙古扁桃（*Prunus mongolica*）等古老孑遗植物沿维度向气候带东移，进入该区域。这些植物对研究古植被生态环境和我国荒漠植物区系的起源以及与古地中海植物区系的联系均有重要的科学价值。在地质运动过程中，随着喜马拉雅山运动的加剧，中国西部地势逐步抬升，古地中海逐渐西退，在第四纪冰期气候的影响下，开始形成大面积的沙漠地带，这些古老植物的生存环境开始发生巨大变化——沿海变为内陆，气候由潮湿温暖变为寒冷干燥。在全新世时期气温开始迅速回升，西鄂尔多斯成为干旱草原地区，保护区所在位置成为狭长的荒漠草原地带。因此，虽然沙冬青、四合木、半日花和绵刺等第三纪孑遗植物至今延续，但也已经成为逐渐衰落退化的残遗物种，再加上自然环境的逐步恶化，其生存面临严重威胁，成为我国优先保护的濒危植物，保护区所在区域也成为我国草原和荒漠生态系统中具有国际意义的第一类保护地区。对该地区珍稀濒危植物生态环境受胁迫、受损毁原因与濒危机制的研究，能够有效地保护珍稀濒危物种及该地区的生物多样性。因此，对西鄂尔多斯国家自然保护区特有孑遗珍稀濒危植物沙冬青的衰退等级划分与真菌多样性及其保护措施和对策等问题的研究，不仅可以补充该区域珍稀濒危植物的相关研究内容，还可以提供新的研究方法与思路，从而对西鄂尔多斯国家自然保护区其他特有珍稀濒危植物的退化规律和原因以及生态系统保护和人工调控方法等内容的研究提供借鉴与参考。

1.2.2　理论意义

1.2.2.1　丰富与完善利用热成像技术对珍稀濒危植物衰退等级诊断的理论与应用研究方法

热红外成像技术是基于目标物体自身的红外热辐射差异，将其转化为可视图像并通过红外辐射图像显现出来的一种技术。该技术是在避免人体直接接触的前提下，通过人体肉眼能直接观测到目标物体自身温度空间分布的一种无损技术。该技术具有较高的测量精度和准确度，最初只应用于军事领域。随着不断完善和推广，热成像技术被逐渐挖掘和发展，现如今已经开始被应用到环境管理与治理、电力、石化、医疗及消防等多个领域。由于受到外界紫外线及大气等环境因素的影响，野外采集的植被热成像图像会存在一定的温度差。不过，由于热成像图像较高的分辨率和敏感度及高通量等优点，该温度差异可以被快速地识别出来，并在植株的水分状态、叶片气孔状态及蒸腾作用的强弱等研究领域中得到广泛应用，从而为人们了解该领域提供了新的科学方法。本研究对完善和发展使用热成像技术进行珍稀濒危植物相关研究的理论与方法具有一定的意义，不仅能为植物衰退诊断提供技术支持，为珍稀濒危植物的预警研究提供参考，同时也开拓了热成像技术新的应用领域，促进了热成像技术的多方向发展。

1.2.2.2 丰富根内生真菌及根围土壤真菌对沙冬青生长影响的研究内容

本研究首次应用高通量测序分析对沙冬青的根内生真菌及根围土壤真菌进行了研究，填补了沙冬青在此方面研究的空白。根内生真菌中出现的大量共生真菌类群是常被报道的外生菌根真菌类群，这些真菌是否与沙冬青形成共生组织、是否为沙冬青提供必需的营养和水分还需要今后的深入研究。

1.2.2.3 发展多学科交叉的学科理论体系

本文采用地理学、生态学与微生物学相结合的方法，在探讨西鄂尔多斯国家自然保护区沙冬青生态环境变化的基础上，从群落分布、生长状况等方面对沙冬青进行分析，利用热成像技术对同一生境下沙冬青群落的衰退等级进行划分，并对其真菌多样性进行研究。这样全面系统、层层递进地研究沙冬青衰退过程及其真菌多样性变化不仅具有一定创新性，而且将地理学、生态学与微生物学进行交叉、整理、融合，建立了以沙冬青衰退与真菌多样性关系为对象的学科研究方法与领域，促进了多学科交叉的理论体系的建设和发展。

1.3　国内外研究现状

1.3.1　沙冬青的研究现状及展望

沙冬青是古老地中海地区的孑遗植物，是植物界的活化石。通过对沙冬青的研究，可以了解并认识到中国乃至亚洲中部地区被子植物的发育进化、物种多样性的形成等历史演变过程，具有很高的学术研究价值，因此受到学术界的普遍关注。近几十年来，针对沙冬青的研究涉及不同学科的多个领域，主要包括地理分布区的区域特点、生态学、生物学、生理学、解剖学、遗传育种、保护对策等。目前，已经形成很多高水平的研究成果，为后来的研究者提供了大量有价值的理论依据和成果借鉴。

1.3.1.1　沙冬青简介及分布

沙冬青，豆科（*Leguminosae*）蝶形花亚科（*Papilionatae*）沙冬青属超旱生常绿灌木，株高一般为 1～2m，基部可以形成植丛，分枝较多，冠幅较大，幼枝为黄绿色，枝条密被灰白色平伏绢毛，老枝变为灰色，表皮光滑。掌状三出复叶，少有单叶，革质，颜色为灰绿色；小叶为菱状椭圆形或卵形，全缘，叶片两面密被银灰色茸毛；花序为总状顶生，一般开花数量为 6～10 朵，颜色呈鲜艳的金黄色，故又名蒙古黄花木。花冠为蝶形，花萼为钟形，每年 4 月、5 月开花，5 月、6 月结果，果实为荚果，扁平，形状为长椭圆形，一般结种子 3～6 枚，种子球状肾形。据报道，沙冬青有隔年结实现象，结实量大，种子成熟期早而且短，耐贮藏，种子吸水力强，发芽力可保持5~6年。由于叶片上下表皮均有密致的表皮茸毛，和较为厚实的角质层，且具有下陷的毛孔，能够有效地抑制蒸腾作用，因此可以适应干旱的荒漠生存环境。沙冬青是荒漠干旱地区主要的蜜源植物，具有药用价值，是蒙药的一种。沙冬青的叶子和枝条均可入药，有消炎、镇痛、活血、祛风、止咳等功效，内服可以治疗肺病、腹痛、咳嗽等病症，外用可以治疗冻疮、慢性风湿性关节炎等，具有一定的经济价值。

20世纪50年代，苏联地质、地矿专家在康苏矿区发现并最早撰文介绍了沙冬青。到目前为止，在世界范围内发现的沙冬青的分布区域是非常有限的，仅在我国、蒙古国和俄罗斯三国境内的荒漠地区、荒漠草原地区以及戈壁地区有少量分布。沙冬青属于超旱生植物，生存在气候干燥、大风沙、降水少、植被稀疏、冬季寒冷、夏季炎热的荒漠草原区与荒漠区，自然条件恶劣，年降水量只有40~240mm。在我国，沙冬青主要分布在内蒙古自治区、宁夏回族自治区、甘肃省和新疆维吾尔自治区四省区境内，其中分布最多的是内蒙古自治区，新疆维吾尔自治区次之。

沙冬青属有蒙古沙冬青和新疆沙冬青（*Ammopiptanthusnanus*）。蒙古沙冬青，又名大沙冬青，主要分布在蒙甘宁地区，以内蒙古自治区阿拉善东部、南部和鄂尔多斯西部为中心，向南延伸到甘肃省河西走廊中条山附近，向北延伸到蒙古国荒漠带南缘，包括宁夏北部、甘肃河西走廊、腾格里沙漠东部、库布齐沙漠西部、巴丹吉林沙漠、阿拉善荒漠东缘和鄂尔多斯高原西端等地区。分布区水平分布比较零散，主要集中在北纬37°~42°、东经97°~108°的荒漠地带上；垂直分布主要集中在1000~1300m的低山地带。分布区地形复杂多样，如石砾质山地、沟谷、风化沙丘以及沙地等地带，蒙古沙冬青均能够生长。新疆沙冬青，又名矮沙冬青，主要分布于帕米尔高原东侧的天山和昆仑山交汇处，以克孜勒苏柯尔克孜自治州西部的克孜河为中心，沿天山、昆仑山山系放射分布。水平分布主要集中在北纬38°~41°、东经74°~80°的荒漠地带上，垂直分布主要集中在1800~2600m的中山地带。分布区的地形多为固定沙地、砾质、石质山坡，土壤瘠薄。通过研究发现，两种沙冬青呈间断性分布，以马宗山—塔里木沙漠为分界线，地域性明显。本书的研究区——西鄂尔多斯国家自然保护区中分布的沙冬青为蒙古沙冬青。

1.3.1.2 生态生理学特征

关于沙冬青的研究主要集中在生态生理学方面。20世纪50年代，苏联的地质和地矿专家在康苏矿区工作时发现了小沙冬青，并最早撰文介绍了小沙冬青。1951年，苏联科学家R. A. Konovalova等率先对矮沙冬青（*Ammopiptanthusnanus*）进行了生物碱方面的研究。但直到80年代初，沙冬青才开始引起我国学者的重视，之后，关于沙冬青的大部分研究主要来自我国学者。刘家琼、邱明新（1982）首次从生态生理学及解剖学特征的角度对沙冬青进行研究，研究表明沙冬青具有明显的旱生结构，其特有的生理特性有利于适应荒漠地区干旱炎热的夏季和寒冷多风的冬季。张涛（1988）对沙冬青生理结构特征进行了研究，得出以下结论：沙冬青是我国温带荒漠区唯一的常绿灌木，是典型的旱生植物。蒋进（1991）对沙冬青气孔行为在干燥空气中的各种反应进行了观测和分析，了解该植物长期在干旱环境生长过程中其气孔行为对干旱气候的适应性和适应途径，为旱生植物的抗逆性基础研究提供了科学依据。之后，关于沙冬青的生态生理学方面的研究主要集中在种子特性、孢粉学、细胞学、胚胎学和生理学等方面。

有些学者从种子特性及种子萌发影响因素的角度进行研究。例如，王烨、尹林克、潘伯荣（1991）对沙冬青属植物种子特性进行了初步探讨。马淼、杨坤、赵红艳（2007）以新疆沙冬青种子为研究对象，进行了种子特性以及萌发条件优化选择的初步研究。邱鹏飞、何炎红、田有亮（2010）将沙冬青属植物种子经过赤霉素浸种催芽后，种子发芽率和幼苗活力指数提高，种子 TTC 还原力增强，丙二醛含量、过氧化物酶活性提高，种子浸提液的电导率降低，表明赤霉素对种子的膜有一定的修复作用，且在研究浓度范围内随着赤霉素浓度增加，其对细胞膜的修复能力增加。于军、焦培培（2010）用不同渗透势浓度的聚乙二醇（PEG6000）模拟干旱胁迫，探讨干旱胁迫对矮沙冬青种子发芽率、平均发芽速度、胚轴和胚根长度及发芽指数、活力指数的影响。段慧荣、李毅、马彦军（2011）采用 PEG 6000 溶液模拟干旱胁迫，探讨了渗透胁迫对沙冬青种子萌发过程的影响和其萌发幼苗中可溶性蛋白、脯氨酸、丙二醛含量及保护性酶 SOD、POD、CAT 等的变化规律。结果表明，随胁迫程度加深，沙冬青种子的发芽率逐渐降低，死亡率逐渐升高，幼苗鲜重出现不同程度的降低。

有些学者从种子保存方法的角度对沙冬青进行了研究。例如，李毅、陈拓、安黎哲（2006）和刘艳萍、鲁乃增、段黄金、张丽（2010）都采用硅胶干燥法对沙冬青种子进行超干保存，以研究种子保存方法对种子活力和生理特性的影响。

有些学者研究了不同催芽方法对沙冬青种子萌发的影响。例如，贾玉华、郭成久、苏芳莉等（2009）将细河沙作为培育基质，装入容器袋内进行育苗，对比研究不同催芽方法对沙冬青、花棒和沙枣种子萌发的影响。赵鸿坤、苏芳莉、贾玉华等（2009）采用不同方法对花棒和沙冬青的种子进行催芽处理。

还有一些从孢粉学角度研究沙冬青的学者。例如，韩雪梅、屠骊珠（1991）研究了沙冬青大、小孢子与雌、雄配子体的发育。周江菊、唐源江、廖景平（2005）对矮沙冬青小孢子发生及雄配子体发育过程进行了观察，认为矮沙冬青濒危不存在雄性生殖结构与发育过程异常的内在因素；通过实验未发现矮沙冬青大孢子发生过程、雌配子体和胚胎发育过程中有异常现象，因此认为矮沙冬青濒危不存在雌性生殖结构与发育过程异常的内在因素。焦培培、李志军（2010）通过阐明矮沙冬青的传粉机制，揭示了影响矮沙冬青传粉成功的因素。

从细胞学角度研究沙冬青的文献相对较多。例如，韩善华、李劲松（1992）研究了沙冬青叶片结构特征及其与抗寒性的关系。宋娟娟等（2003）用涂片法和酶解法，观察了濒危植物矮沙冬青的减数分裂过程，沙冬青濒危不是染色体行为异常和小孢子发育不正常而造成的。高海波（2012）研究了沙冬青细胞经茉莉酸甲酯（MeJA）瞬时处理后发生的 Ca^{2+} 离子流、H_2O_2 含量及质膜电位的变化情况；并且同年使用激光共聚焦显微镜，运用非损伤微测技术，研究了沙冬青悬浮细胞遭受机械刺激后，胞内发生的早期信号事件的变化规律及信号间的作用关系。

慈忠玲、于福杰、魏学增（1994）比较早地从胚胎学角度研究沙冬青，通过观察切片研究了沙冬青体细胞胚胎发生的组织学。师静等（2012）从沙冬青叶片 EST 文库中获得了胚胎晚期发生丰富蛋白（LEA）基因的 cDNA 全长序列，命名为 AmLEA14，通过实验分析推测 AmLEA14 基因可能在沙冬青抵御低温、干旱、盐胁迫中发挥作用，主要是参与沙冬青的低温防御机制。

有许多学者从生理学角度对沙冬青进行研究。焦培培、李志军（2007）对矮沙冬青的形态学特征、开花物候及花空间分布进行了研究，结果显示，沙冬青开花具有很强的不同步性，这在单花、花序、单株、居群水平上的开花物候都有所表现；夏晗、黄金生（2007）对不同胁迫下沙冬青的生理指标进行了研究，探讨了低温、干旱和盐胁迫下，沙冬青幼苗中脯氨酸的积累变化情况。张谧、王慧娟、于长青（2009）在野外环境中，利用高频采样叶绿素荧光仪，测定了不同温度条件下沙冬青的荧光响应情况，从而印证了沙冬青具有极强的耐热性。马淼、陈蓓蕾（2005）运用石蜡切片法观察了沙冬青叶片的解剖学特征，并通过 Li－6400 光合作用测定仪对其光合特性进行了测定，探索出沙冬青形成适应于荒漠干旱生境的超旱生结构的原因以及种群自我恢复能力差的原因。除此之外，还有许多学者通过不同方法对沙冬青抗冻蛋白、生物碱等成分进行不同角度的试验分析。

1.3.1.3 生物学特征

在生物学角度上，有些学者从生物学特性、生长环境、育苗造林等方面对沙冬青进行研究。吴佐祺、李玉俊（1982）初次进行了沙冬青的人工栽植试验，结果表明沙冬青耐旱能力强，人工育苗后，春、夏、秋三季均可栽植造林。之后，王雪征、陈淑萍（2005）调查了野生沙冬青的生长环境，通过试种研究了人工栽培技术，表明沙冬青可作为绿化资源在北方平原地区种植。张涛、蒋志荣（1987）在沙冬青人工引种时采取不同的栽培技术，通过试验得出播种育苗方式会有较好的效果，但裸根移植和扦插育苗成活率却极低。高志海、刘生龙等（1995）在甘肃省民勤地区引种栽培矮沙冬青，引种观测结果表明，沙冬青适应引种地区干旱荒漠的气候。杨惠芳、靳春霞、杨玉军（2008）进行了沙冬青营养袋苗移栽试验，结果比较理想，移栽当年平均成活率高达 90%，且生长量呈上升趋势。纪磊、李学志、王京国等（2010）观测了引种到长春市的沙冬青育苗基质、生长及越冬的状况，结果表明，引种的沙冬青以腐殖土∶黑土∶河沙＝1∶1∶2 的基质培育效果最佳，生长性状良好，且可在露地环境中安全越冬。王继林、郭志中等（2000）通过四种不同育苗方式对沙冬青进行对比试验，结果表明，采用大田作床的育苗方式效果最好。王朝锋、何红等（2005），钟锐（2012）等许多学者都从育苗栽培、引种等方面对沙冬青进行了研究。

1.3.1.4 生态学特征

部分学者对沙冬青的组织培养进行了研究。丁晓莉（1988）第一次利用生物工程技术进行沙冬青组织培养。蒋志荣、安力等（1997）以沙冬青无菌苗茎段为材料，研究不同激素对沙冬青组织培养生芽的影响。何丽君、慈忠玲等（2000），王彦芹、焦培培等（2010）也从不同角度对沙冬青组织培养进行了研究。

研究沙冬青病虫害的学者相对较少。王雄、刘强（2002）主要研究虫害灰斑古毒蛾对沙冬青的有害影响。雷雪静、贺达汉等（2008）研究了沙冬青茎杆甲醇提取物对小菜蛾幼虫生长发育的影响。

也有相当一部分学者从生态学、濒危原因及保护的角度对沙冬青进行了探讨和研究。刘家琼、邱明新等（1995）比较早地对沙冬青植物群落进行了研究。尉秋实、王继和等（2005）对阿拉善荒漠区不同生境出现的3种沙冬青种群的生态格局、密度特征、形态格局和动态特征进行了对比研究。何恒斌、张惠娟等（2006）应用7种聚集度指标确定不同生境条件下沙冬青种群的空间分布格局类型和动态，考察了沙冬青种群在不同尺度上的空间分布格局。结果表明：不同生境条件下的沙冬青种群结构虽有差异，但都呈现衰退趋势。潘伯荣、余其立（1992）通过对新疆沙冬青的野外调查，并结合自然分布区的气候条件，对其生态环境中的温度、水分、光照和土壤等因素进行了分析，探讨了其濒危的原因。之后刘果厚（1998）也通过野外调查，并结合自然分布区的环境条件和种子发芽试验，探讨了造成沙冬青濒危的原因。

多年来，对沙冬青的研究主要集中在分布区及区系特征、解剖学、生物学、生理学、生态学、有性生殖、组织培养、遗传多样性及遗传分化、基因变异、濒危原因、保护途径等方面，形成了大量有价值的研究成果，但是，关于濒危植物沙冬青根部菌群的研究相对较少，主要关注根瘤菌和丛枝菌根真菌。

1.3.2 沙冬青根瘤菌的研究现状

沙冬青是豆科植物，可与根瘤菌形成共生固氮体系。近年来，沙冬青根瘤菌的研究主要集中在根瘤菌的形态特征和表现型方面。韩善华等（1999）研究了沙冬青根瘤中根瘤菌的形态，发现彼此差异很大，且根瘤菌在发育成熟的侵染细胞中最多。何恒斌等（2006）对沙冬青不同分布区根瘤的特点和根瘤菌抗逆性做了研究，结果表明，豆科植物与根瘤菌的共生关系因区域地理环境的差异而具有多样性，高温干旱是沙冬青群落和微生物生长发育的限制因子，沙冬青的高抗性与沙冬青根瘤菌的高抗性可能有密切的关系，其作用机理和沙冬青根瘤菌较强抗逆性的分子机理有待进一步研究。毕江涛等从宁夏和内蒙古阿拉善地区的沙冬青分离获得隶属于 5 个属 44 个根瘤菌菌株，并进行了系统发育分析，结果表明，沙冬青根瘤菌具有丰富的遗传多样性。毕江涛等随后结合 16S rDNA PCR – RFLP 和表型特征分析对 44 个根瘤菌菌株进行了分类，得到了相似的分类结果。对 42 个根瘤菌菌株的固氮酶基因的 *nifH* PCR – RFLP 分析结果表明，沙冬青根瘤菌受地理环境、染色体基因背景以及菌株个体的进化等方面的影响。不同氮素水平对幼苗根系的结瘤有影响，总体呈现出氮素水平越高结瘤量越少甚至不结瘤的规律（王华等）。

1.3.3 沙冬青真菌的研究现状

沙冬青是典型的丛枝菌根（Arbuscular Mycorrhiza，AM）植物，即沙冬青可与丛枝菌根真菌（Arbuscular Mycorrhiza Fungi，AMF）形成共生体系。但关于沙冬青和AM的研究非常少。刘春卯等研究了宁夏回族自治区及甘肃省蒙古沙冬青AM真菌物种多样性，结果表明，蒙古沙冬青的AM真菌物种多样性和土壤环境关系密切。AM真菌的定殖率及孢子密度呈现明显的时空分布规律，与土壤因子关系密切。徐浩博等（2013）研究了丛枝菌根（AM）和深色有隔内生真菌（Dark Septate Endophytes，DSE）的空间分布。张淑容等（2013）研究了银川、沙坡头、民勤的沙冬青根围丛枝菌根真菌及深色有隔菌，结果表明，沙冬青根系能被AM和DSE真菌高度侵染，AM和DSE共生体的形式可能是沙冬青适应极端荒漠环境的有效途径。

对沙冬青根内生真菌的研究非常少。毕江涛等从沙冬青的根、茎、叶器官分离出41种内生真菌，其中根部最多，有30株，隶属13属。青霉属、梭孢霉属和组丝核菌属菌株集中分布在沙冬青根中，说明这些内生真菌在沙冬青中的分布具有一定的组织专一性。而沙冬青土壤真菌及根内生真菌的多样性及群落结构的研究还没有人研究。

对沙冬青土壤真菌的研究方法因真菌种类不同而有所差异。研究沙冬青根内生真菌主要利用传统的真菌分离培养法，并通过观察菌落特征、菌丝形态、孢子梗形态、孢子等特征进行鉴定，继而对分离菌株进行抑菌活性研究（毕江涛，2012）。对深色有隔真菌的研究也利用分离培养法，但由于该类真菌不产生性结构，很难在形态上进行鉴定，因此往往应用分子方法进行鉴定。由于AM真菌很难获得纯的培养菌株，所以对沙冬青 AM 真菌的研究主要是通过湿筛倾析—蔗糖离心法获得 AM 真菌孢子，通过形态特征并结合分子方法进行鉴定（徐浩博等，2013）。传统的真菌分离方法具有很多的局限性，很难全面而科学地揭示土壤真菌的多样性。

高通量测序技术通常也被称为下一代测序技术（Next-generation sequencing technologies），它是环境微生物研究的重要手段之一。第二代测序平台于 2005 年兴起，如今其代表性技术之一为 Illumina MiSeq。高通量测序技术现已可以应用于农学与医学等领域。在农学领域的应用主要体现在微生物研究、动植物研究和多组学研究等方面。高通量测序技术体系中微生物研究方法之一的 DNA 扩增子测序，主要针对土壤环境微生物方面进行扩增子测序。对于微生物研究而言，扩增子测序这一技术手段优于传统的方法，具有免于分离培养、快速、准确和灵敏等优点。扩增子测序的应用体现在环境微生态、人体或动物微生态和某些菌类的功能基因研究，而且在食品或药品微生物的安全检测中也有应用。扩增子测序主要分为 ITS（Internal transcribed spacer，内转录间隔区）测序、16S rDNA 测序、18S rDNA 测序以及功能基因区域测序四类。而 ITS 测序和 18S rDNA 测序分别是针对真菌和真核微生物多样性研究的分类鉴定手段，是研究环境微生物多样性及群落组成差异的重要手段之一。ITS 分为两个区，ITS1 位于真核生物 rDNA 序列 18S 和 5. 8S 之间，ITS2 位于真核生物 rDNA 序列 5. 8S 和 28S 之间。

目前，国内外对应用高通量测序技术分析沙冬青根内生真菌及根围土壤真菌的研究还未报道，在此方面的研究还有欠缺。本研究通过应用高通量测序技术对沙冬青的根内生真菌及根围土壤真菌进行研究，可以填补沙冬青在此方面研究的空白。

2　研究区概况

2.1　地理位置

西鄂尔多斯国家级自然保护区包括鄂尔多斯市西部棋盘井镇、鄂托克旗和乌海市东部区域，与鄂托克前旗、杭锦旗、乌审旗等旗县相邻，海拔为1000～2100m，地理坐标为东经106°44′59.7″～107°43′12″、北纬39°13′35″～40°10′50″。保护区西邻黄河，西南界为桌子山山地，西北界为京藏高速公路，东部界为鄂尔多斯西部波状高原，东西直线距离79km，南北直线距离106km，总占地面积47.20万hm^2。按行政区域划分，鄂尔多斯辖区占96.42%，乌海辖区仅占3.58%；按功能划分，保护区核心区面积为11.63万hm^2，缓冲区面积为5.45万hm^2，实验区面积为30.12万hm^2。1998年制定的《西鄂尔多斯国家级自然保护区建设总体规划》划定的功能区包括5个核心区、4个缓冲区，其余部分为实验区。其中在鄂托克旗境内有4个核心区：①伊克布拉格草原化荒漠生态系统核心区，占地面积为$1.85\times10^4hm^2$，其缓冲区

面积为 $0.63\times10^4hm^2$，保护的植物群落类型包括红砂、四合木、半日花、沙蒿等；②棋盘井半日花核心区，占地面积为 $0.8\times10^4hm^2$，其缓冲区面积为 $0.46\times10^4hm^2$，保护的植物群落类型比较简单，主要是以半日花为建群种的群落；③蒙西珍稀植物群落核心区，占地面积为 $1.29\times10^4hm^2$，其缓冲区面积为 $0.41\times10^4hm^2$，保护的植物群落类型包括四合木、沙冬青、红砂、珍珠、霸王、半日花、小禾草等；④阿尔巴斯植被过渡带核心区，占地面积为 $3.8\times10^4hm^2$，其缓冲区面积为 $0.21\times10^4hm^2$，主要保护荒漠草原和草原化荒漠群落及其过渡带。在乌海市境内有 1 个核心区：乌海四合木核心区，占地面积为 $0.49\times10^4hm^2$，主要保护四合木群落；该区四合木群落长势最好，连片面积最大，主要位于桌子山与岗德格尔山之间的台地上。实验区包括：①占地面积为 $0.27\times10^4hm^2$ 的荒漠植物园；②乌海珍稀植物繁育区，占地面积为 $0.55\times10^4hm^2$，位于桌子山以西、农场公路以北，主要生长着四合木和半日花，该实验区主要进行引种、繁育及荒漠化珍稀植物的研究；③胡杨岛旅游区，占地面积为 $70hm^2$，位于乌海珍稀植物繁育区西侧，由黄河河段上的 5 个小岛组成，目前已经成为乌海市的著名旅游目的地；④石峡谷旅游区，占地面积为 $0.26\times10^4hm^2$，位于水泥厂北侧区域；⑤工业控制区，占地面积为 $0.37\times10^4hm^2$，主要位于乌海四合木核心区的东侧和南侧。按类型划分，鄂尔多斯国家级自然保护区内灌木林面积为 $41.08\times10^4hm^2$，河槽面积为 $4.45\times10^4hm^2$，草地面积为 $3.53\times10^4hm^2$，农田面积为 $0.05\times10^4hm^2$，如图 2－1 所示。

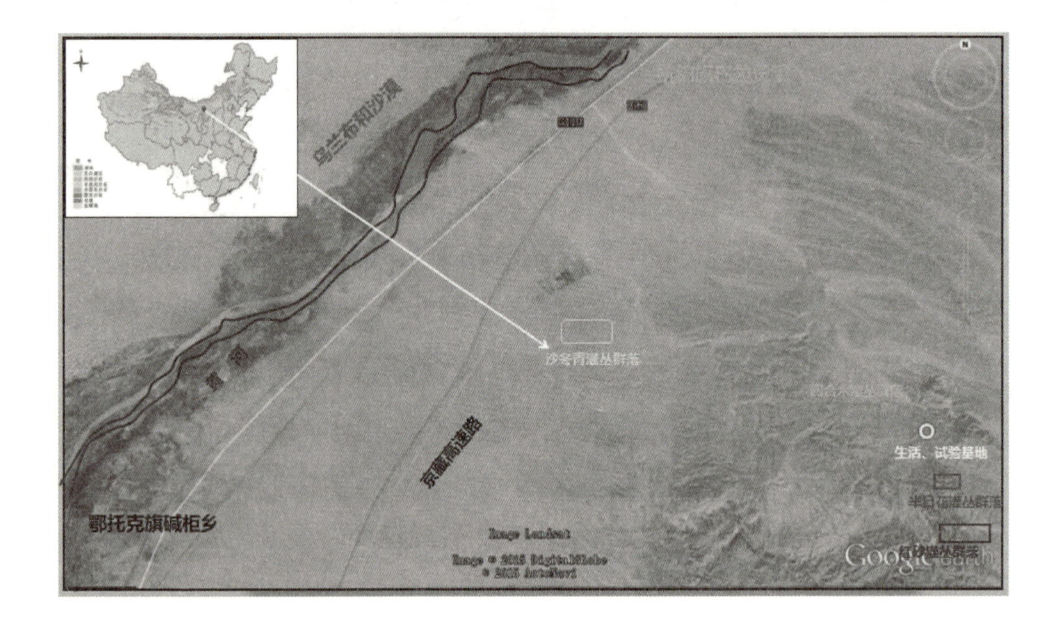

图 2－1 研究区地理位置示意图

2.2 地质地貌

研究区位于欧亚大陆内部靠近内蒙古段黄河大弯南部，该区有荒漠草原、石质山、残山丘陵、沙漠、洪积平原，属鄂尔多斯高原西部中生代大型内陆坳陷盆地。西鄂尔多斯的地形特点是西低东高、南低北高、中间较低，研究区内地质背景复杂多样，地貌格局呈多山丘、多荒漠地带，具有丰富的古生物化石。西北部主要山体是岗德格尔山和桌子山，其中主峰海拔为 2149m 的桌子山为西鄂尔多斯的最高点，

两山整体以南北平行走向的低山和高丘陵为主，北部边缘向下倾斜。从东向西，依次分布有中山、低山、波浪状的高原、低山丘陵、河谷台地、山间冲积扇平原和风沙地带等各种地貌类型。研究区内的山体岩石包括前震旦系片麻岩、古生代石灰岩、变质岩、页岩、白云岩等，是桌子山、岗德格尔山和千里山等山体的主要组成部分，由于该区域气候干燥，因而剥蚀强烈，山势起伏较大，山体高耸，沟谷发育。保护区中的波浪状高原和低山丘陵约占保护区面积的56.36%，属于保护区的基本地貌类型，主要位于东部地区。其中，低山丘陵的岩石组成成分主要包括古生代、寒武、奥陶时期形成的石炭、二迭、三迭系的石英砂岩、砂质泥页岩、炭质页岩、薄层灰岩、煤层、石灰岩、第三系的泥质细砂岩、砂质泥岩和夹砂砾石等，上述各类岩石风化后的残积物形成其成土母质。保护区的西侧主要分布着中山和高山，最西侧的山间谷地和黄河与山麓间还形成有冲积—洪积扇平原，其海拔为1080～1170m，而该区域的岩石组成主要以震旦系片麻岩、变质岩、石英岩、泥质页岩及底砾岩，寒武、奥陶系的薄层、中层、厚层石灰岩、页岩、石英砂岩和白云岩等。研究区的地表水和地下水汇集在两山之间形成的洼地。岗德格尔山和桌子山的南侧是面积约为1325km^2的平缓残山丘陵。山前冲积—洪积扇构成面积1025km^2的山前倾斜平原，呈南北带状分布，自山麓向黄河倾斜，较黄河水面高出20～90m。保护区东部面积$11.3\times10^4hm^2$的波状高平原和$19.6\times10^4hm^2$的低丘陵是其主要地貌类型，共占保护区总面积的57.5%。西鄂尔多斯国家级自然保护区的自然地理景观多以草原化荒漠和荒漠化草原为主。

2.3 气候

西鄂尔多斯保护区所处的北半球中纬度地带，属暖温带大陆性季风气候，因受到副热带高气压和风带的相互影响，这里四季分明且风沙大、降水少。同时，该地区幅员广阔，地形地貌比较复杂，因此，西鄂尔多斯保护区内的不同区域具有差异显著的气候特征。

该地区降雨集中的夏季、秋季日有110～150d，日照长、蒸发量大、辐射强；而寒潮天多、漫长寒冷的冬季有160～170d。西鄂尔多斯年中天气差异极大，昼夜温差也大。

2.3.1 年降雨量

如图2－2所示，由近30年来西鄂尔多斯地区降水量变化曲线可以看出，该地区年均降水量在270mm左右，但是整体波动较大，年际间差异较大，整体呈现减少的趋势，最大年（1990）降水量比最小年（2005）降水量多出近2倍，强烈的波动可能对该地区的植被生长环境有着较大的影响，从而影响着植被的演替。

2.3.2 年平均气温

如图2－3所示，由近30年来西鄂尔多斯地区温度变化曲线可以看出，该地区年均气温在7℃左右，整体波动不大，年际间差异较小，最大年（1998）的年均温度比最小年（2012）高2.4℃，且与年降雨量的变化趋势相反，西鄂尔多斯地区的年均气温基本稳定，但整体呈现上升趋势。

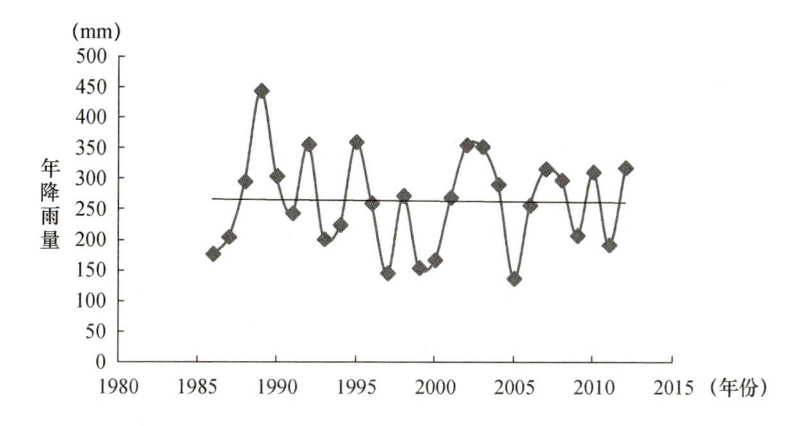

图 2-2　研究区年降雨量

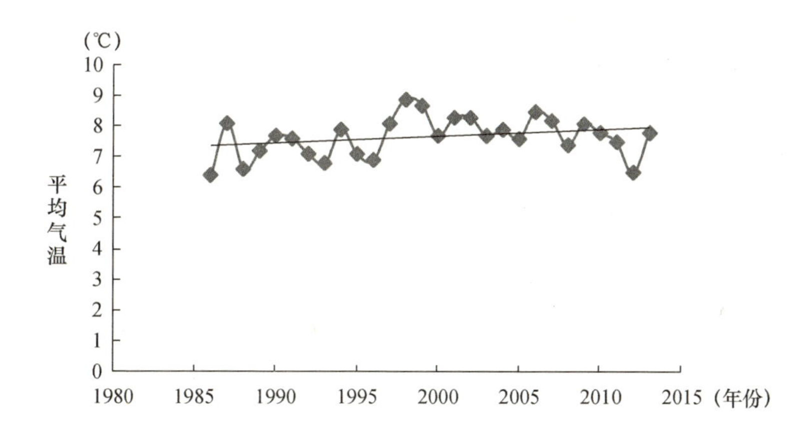

图 2-3　研究区年平均气温

如图 2-4 所示，由近 30 年来西鄂尔多斯地区年距平温度变化曲线可以看出，西鄂尔多斯地区年均气温的最大变化差异在 2.4℃左右，其中低于平均水平的年份有 1986 年、1988 年、1993 年、1996 年和 2012 年，平均水平的年份是 1992 年和 1995 年，其余年份均高于平均水平。1996～2011 年气温上升趋势较为明显，随后开始下降，近年来又有所上升。

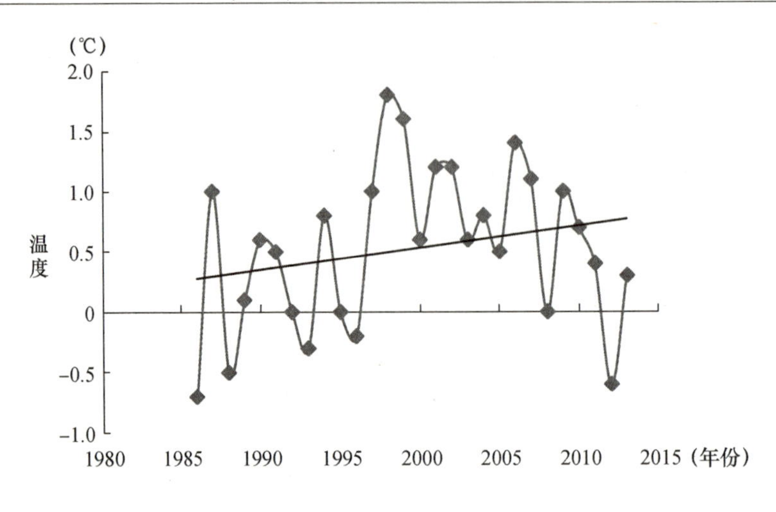

图 2-4　研究区年距平温度

2.3.3　年日照时数

由图 2-5 可知，西鄂尔多斯地区年日照时数呈现大幅度的波动，波动范围在 2700～3100 小时。其中，1987 年的日照时数最大，为 3088.7 小时；1992 年的日照时数最小，为 2685.6 小时。从总体来讲，近 30 年的年日照时数呈下降的趋势，大气间云层较多，对植物光照的时数也减少。

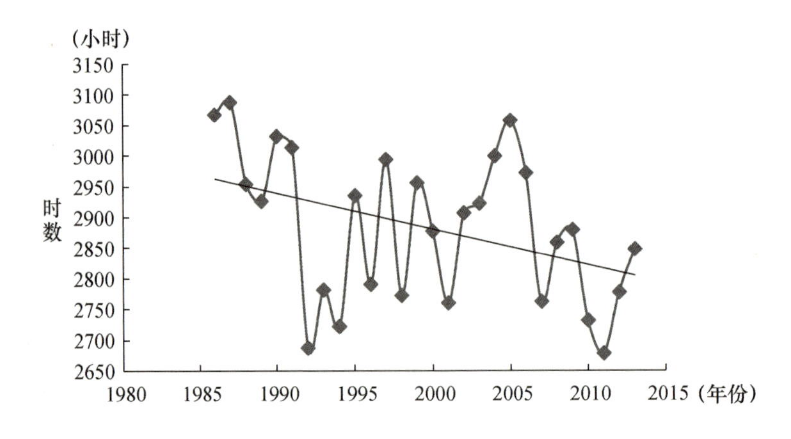

图 2-5　研究区年日照时数

2.3.4 年平均风速

如图 2－6 所示，近 30 年来，西鄂尔多斯地区年平均风速在 2.7m/s 左右，整体呈现风速减弱的趋势，但近几年又开始增强。其中，1987 年的年均风速最大，为 3.4m/s；2010 年的年均风速最小，为 1.9m/s。

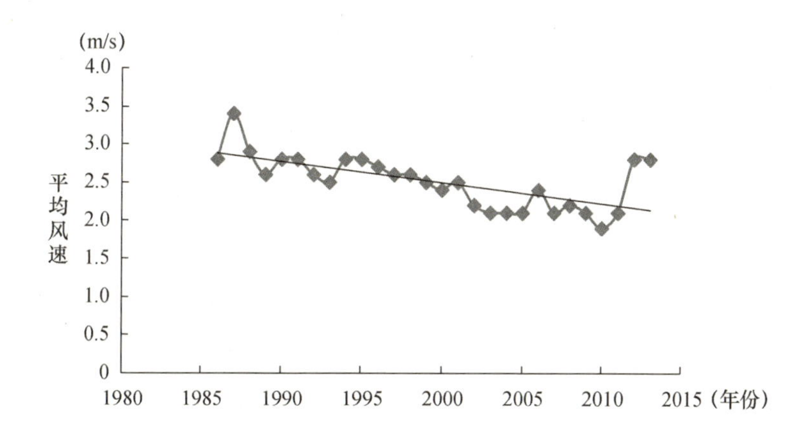

图 2－6 研究区年平均风速

2.4 水文

西鄂尔多斯保护区的水资源主要来自地下水和地表水。地下水多集中在研究区内山体的山前冲积—洪积阶地，但是部分地区的地下水埋深多在 15m 以上。最大的地表水来源是贯穿保护区的黄河。保护区内的几条季节性山洪沟，仅在降水较多且集中的夏季才会有水出现。

多数时候，降水是保护区内植物需水的主要来源甚至是唯一来源。

2.4.1 地表水

保护区内最大的地表水来源于黄河，贯穿整个保护区的南北，全长 105km；多年平均径流量为 1018m^3/s，其中，最大径流量为 5820m^3/s，发生在 1946 年，最小径流量仅为 60.8m^3/s，发生在 1963 年；年平均水位变幅为 2～4m。除此之外，还有 20 多条泄洪沟在保护区内分布，降雨时会有径流注入黄河，多年径流总量为 354.35 × 10^4m^3。西部地区还有数条季节性山洪沟，平时干涸，夏秋季节有降水时才有水，大部分来自桌子山，最终汇成径流注入黄河。

2.4.2 地下水

桌子山山前冲积平原底下分布着保护区主要的地下水，潜水在其上部分布，水位埋深在 10～60m，具有较厚的含水层，为 17～185m，水质良好，矿化度为 1g/L 左右，承压水或半承压水在其下部分布。桌子山和岗德格尔山之间的宽谷含水层较薄，在 10～60m，可采水量在 10t/h 左右。在桌子山及岗德格尔山以南的地区，石灰岩裂隙发育，溶洞在断裂带交叉处形成，成为地下水的聚集处，同时加速循环了深水层，一系列小泉汇集而成的上升泉泉群在东北向西南方向的断层形成，流量为 426.5t/h，水温为 18℃，矿化度为 0.5g/L。

2.5 植被特征

西鄂尔多斯自然保护区属于典型的荒漠草原及荒漠地带，现有统计中归属于65科191属的野生植物种类共计335种，主要有菊科、豆科、十字花科、蒺藜科、禾本科等，大部分属于荒漠化草原向草原化荒漠过渡的草本、灌丛及半灌木丛等地带性植物，群落盖度较低，大约为20%。各种生活型中包括乔木、灌木、半灌木、木质藤本、草本植物和孢子植物，其中裸子植物2种、蕨类植物4种，被子植物329种。植被主要包括四种植被类型：草原化荒漠植被、沙生植被、干旱草原植被和荒漠化植被。保护区特有的古老孑遗种共计72种，占植物种类的21.79%，其中有7种植物为国家级珍稀濒危保护植物，分别为四合木、半日花、沙冬青、蒙古扁桃、革苞菊（*Tugarinovia mongolica*）、胡杨（*Populus euphratica*）、绵刺；被列入到《中国生物多样性保护行动计划》的植物有四合木、沙冬青、半日花、革苞菊和绵刺。四合木和半日花等植物被称为植物界的“大熊猫”和“活化石”，数量少，分布范围小，濒危程度高，主要分布在亚洲中部荒漠地带，对研究我国荒漠植物区系的起源及其与地中海植物区系的联系具有重要的价值。除上述7种植物外，还有6种植物被列入到《内蒙古自治区珍稀濒危植物名录》中，分别为大花雀儿豆（*Chesneya macrantha*）、内蒙古野丁香（*Leptodermis ordossica*）、阿拉善黄芩（*Astragalus alaschanus*）、贺兰山黄芪（*Astragalus hoantchy*）、长叶红砂（*Reaumuria trigyna*）、白龙穿彩（*Panzeria lanata*）。保护区内的保护植物与本土常见植物共同组成保护区内植物群落，保护着当地的生态环境。

2.6 土壤

西鄂尔多斯国家级自然保护区由于受到地质地貌、岩性、水文、气候和植物生长等自然因素的影响，其土壤类型呈地带性分布，主要包括灰漠土、棕钙土、栗钙土、风沙土、草甸土和盐土六大类。其中，地带性土壤为栗钙土、灰漠土、棕钙土，非地带性土壤为风沙土、草甸土和盐土。灰漠土、棕钙土和风沙土分布较广，其土层浅薄、肥力较低，土质粗疏、养分贫瘠、腐殖质含量较低，地表沙化严重。与各土壤类型对应的地面植被景观包括干草原、荒漠草原及荒漠植被。由于保护区地貌类型以高原为主，因此区域内土壤垂直结构地带性不明显。研究区内最高点为桌子山，土壤垂直结构表现为灰漠土主要分布于海拔 <2000m 的区域中，淡栗钙土主要分布于海拔 >2000m 的区域。

栗钙土主要分布在桌子山与岗德格尔山的顶部，分析其土壤剖面可以看到，其主要是由腐殖质层、钙积层及母质层组成。该区域土层厚度为 20 ~ 40cm，垂直结构层次分明，过渡清晰，分化明显，土壤上生长的植被为多年生旱生草本、灌木。

棕钙土主要分布在岗德格尔山与桌子山之间的宽谷洼地和保护区东部、南部的高平原及低丘陵上，其在高温干旱的特殊气候下形成，微生物只产生十分微小的作用，形成一层风化壳。棕钙土土层厚度一般为 80 ~ 150cm，浅棕色和棕色的腐殖质层约为 20cm，20 ~ 100cm 处为较坚硬、呈灰白色的钙积层和母质层。栗钙土分布区土壤砂砾化，呈强碱性且贫瘠，部分地段被流动风沙土覆盖。岗德格尔山与桌子山之间的宽谷洼地上生长着四合木群落；保护区东部、南部的高平原及低丘陵上主要为荒漠草原和草原化荒漠。

灰漠土主要分布在桌子山以西的山前冲积—洪积扇及阶地上，由于长期被风蚀，地表质地粗糙、粗粒化明显，形成砂质化和龟裂状结皮，缺乏腐殖质层，有机质含量低，大部分为砂壤土、轻壤土和壤土，部分地区被风积沙覆盖，土层厚度在 40 ~ 150cm，主要生长着半日花群系。

风沙土主要来自黄河对岸乌兰布和沙漠的风积沙，其垂直剖面层次分化不明显，无明显的腐殖质层，土壤贫瘠。保护区邻近毛乌素沙地和乌兰布和沙漠，形成大面积的固定、半固定沙地，生长的植被主要有白刺、沙冬青、霸王及沙蒿等沙生、旱生灌丛。

研究区自西北至东南方向依次分布着风沙土、灰漠土、栗钙土、棕钙土和黄土，与之对应的植物群落为沙冬青群落、霸王群落、四合木群落、半日花群落和红砂群落，其中沙冬青群落的土壤类型主要是风沙土，土壤理化性质如表2－1所示。

表2－1　研究区沙冬青群落灌丛地土壤理化性质

灌丛类型	深度（cm）	有机质（g·kg^{-1}）	碱解氮（g·kg^{-1}）	速效磷（g·kg^{-1}）	速效钾（g·kg^{-1}）	pH
沙冬青	0～10	7.13	18.25	29.40	90.04	6.87
	10～20	6.52	16.74	25.16	87.25	6.94
	20～30	5.90	15.19	24.88	85.14	7.03
	20～30	4.96	8.55	15.18	90.49	7.08

2.7　社会经济概况

保护区96.42%的面积分布于鄂尔多斯市鄂托克旗境内，3.58%的面积分布于乌海市。鄂托克旗境内包括阿尔巴斯苏木、碱柜乡、公卡汉乡、新召苏木、蒙西镇和棋盘井镇6个苏木，以及乡镇管辖范围内的30多个自然村落及居民点，约5万人口，其中大部分人口集中于蒙西镇和棋盘井镇。蒙西镇和棋盘井镇化工企业较多，从业人口以煤炭生产为主；其余地区大部分为牧区，从业人口以畜牧业为主；在黄河阶地及城镇居民点附近分布有少量种植业。

鄂托克旗是一个以蒙古族为主体、汉族占多数的少数民族聚居区，旗政府近年来逐步确立和完善了“生态立旗、工业强旗、开放兴旗、文化塑旗”的发展思路，综合实力稳步提升，发展后劲逐步增强。地区生产总值、全社会固定资产投资增幅都在10%以上，财政收入增幅明显。稳步推进农牧业产业化发展，龙头企业、农牧民合作社、现代草原畜牧业示范户数量不断增加，紫花苜蓿、螺旋藻种养殖规模生产。工业经济运行平稳，电力、化工等主导产业效益良好，重点工业产品产销率保持在90%以上，亿元以上重点项目达40多个，煤化工、氯碱化工、金属制品等产业持续发展。位于保护区境内的棋盘井镇占地面积为2.67万hm^2，2013年工业销售收入达到410亿元，蒙西镇工业园区占地面积为1.45万hm^2，2013年工业销售收入达到120亿元，完成了鄂托克旗“双百亿工程”任务。稳健发展现代服务业，“碧海阳光温泉中心”被评为国家4A级景区，旅游、物流营业额增幅明显。

保护区内交通线路包括G6丹拉高速乌海段、110国道、包兰铁路、109国道以及东乌铁路，铁路及公路的总用地约为1600hm^2，虽然便利了研究区的交通条件，但因为其通过地区正好是沙冬青、半日花、四合木、绵刺等珍稀濒危保护植物的生长区域，对它们的生存、生长都具有极为不利的影响。

保护区属于荒漠草原过渡地带，荒漠景观丰富，分布着多种珍稀古老的植物种类，动物种类也较为丰富。保护区境内的乌仁都西山（汉译为铁砧子），因其山顶平坦形如桌子又名桌子山，海拔2149m，是鄂尔多斯高原的最高峰。山顶建有元代敖包群、鄂尔多斯最高点标

志塔等建筑，距乌海市10km，交通较为便利，山体东面陡峭、西面平缓，群峰林立，松柏常青，风光旖旎，可以开发山地旅游。保护区与乌兰布和沙漠隔黄河而望，黄河沿岸是黄灌区，形成黄河—绿洲—大漠的独特景观，可以开发沙漠观光、沙漠探险、黄河水上娱乐等旅游项目。位于阿尔巴斯苏木境内的国家级重点文物保护单位阿尔寨石窟，被誉为“草原敦煌”，是内蒙古自治区境内发现的规模最大的石窟建筑群。阿尔寨石窟始建于北魏中期，西夏和蒙元时期达到鼎盛，明末清初停止开凿及佛事活动。目前，共发现65座石窟、22座浮雕石塔和6座建筑基址，石窟中保存着大量精美壁画和回鹘蒙古文榜题，为研究该地蒙古族历史、文化、宗教及生活习俗等提供了珍贵的史料，具有很高的文化艺术价值。保护区境内自然人文资源较为丰富，可以适度开展科研、教学和生态文化旅游。

2.8 本章小结

本章从地理位置、地质地貌、气候、水文、土壤、植被及社会经济情况等方面对所研究区域的概况进行了梳理和分析介绍。研究区属于荒漠化草原向草原化荒漠的过渡地带，气候干燥，降雨少、风沙大，属于典型的大陆性季风气候；沙冬青群落分布集中，主要在流动、半固定沙丘地区，并且有霸王、四合木等其他植物种类伴生，为本研究提供了良好的样地素材。

3 研究内容与设计方案

3.1 红外热成像技术的试验设计和方法

3.1.1 研究方法

3.1.1.1 热成像技术介绍

红外热成像技术是在避免人体直接接触的前提下，通过人体肉眼能够直接观测到目标物体自身温度空间分布的一种无损技术。它能观测人体肉眼不可见的红外波段的光谱，通过红外探测器将物体表面的温度转化为热图像，并通过视频信号的形式用显示屏或者监视器将其空间分布显示出来。基于物体表面的温度与目标物体热分布息息相关等特点，可以实现对目标物体实时的热状态监测与分析，从而为工业、农业环境保护等科学研究提供一个新的监测与诊断工具。从20世纪80年代早期开始，红外热成像技术在植物科学研究领域得到了很大的应用。Omasa等（1999）最先开发了这种方法。Hashimoto等（1984）在将红外成像应用到植物研究领域中做了很多先期工作。后来一些学者不断改进这项技术，将其广泛应用到气孔运动、气孔导度以及光合作用研究等方面。近年来，在植物抗旱性、耐盐胁迫及气孔突变的研究中，热成像技术更被进一步地用来筛选植物基因型。综观以上研究结果发现，利用红外热成像技术提取表面温度已成为一项获取生物环境信息的可靠技术，并已被广泛应用于植物生理学、植物生态生理学、环境监测和农业领域中。

红外热成像技术是基于目标物体自身的红外热辐射差异，将其转化为可视图像并通过红外辐射图像显现出来的一种技术。该技术具有较高的测量精度和准确度，最初只应用于军事领域，随着不断完善和推广，现如今已经开始应用到环境管理与治理、电力、石化、医疗及消防等多个领域。由于受到外界紫外线及大气等环境因素的影响，野外采集的植被热成像图像会存在一定的温度差，但热成像图像具有较高的分辨率和敏感度及高通量等优点，使该温度差异可以被快速地识别出来。同时，该技术在植株的水分状态、叶片气孔状态及蒸腾作用的强弱等研究领域中得到广泛应用，从而为人们了解这些领域提供了新的科学方法。

Giuseppe 等的研究认为，远红外热成像技术对玉米表型具有加速筛选使其增强干旱适应性的重要作用。Möller 等将热成像图与可见光图叠加，从而对葡萄水分状况进行估测。Merlot 等利用红外热成像技术对受到干旱胁迫的拟南芥进行图像采集，采集到的图像可以清晰地反映出正常植株与气孔功能已经发生变化的变异植株。王冰等结合红外热成像技术与光合指标的测量，对干旱胁迫下的花生幼苗进行实时监测，研究表明，通过采集到的图像可以反映出植株叶片的温度，并可以用来诊断植株的抗旱性能。王斐等通过红外热成像技术对树木枝叶的不同部位进行监测，采集到的图像可以清晰地显示比热和潜热之间的差异。

Grant 等研究发现，红外热成像技术可以很容易地区分正常灌水和干旱胁迫下的葡萄冠层，此外，叶片 Gs 与葡萄冠层的温度呈负相关。徐小龙等利用热红外成像技术采集到的图像可以显示出植株叶片温度差异的特点，轻松地对其是否患病作出了判断，从而提出利用红外热成像技术可以对番茄花叶病进行监测的论断。Inagaki 等通过比较分析水分胁迫下 11 个小麦冠层的热分布，从而得出利用热红外成像技术可以快速地区分出水分亏缺下小麦叶片的温度变化的结论。刘浩等从拟南芥体内提取了对干旱十分敏感的突变体 *doi*1，从而验证了热红外成像技术可以快速区分出植株叶片微小差异的特点。Marcelo 等研究发现，热红外成像技术具有可以筛选出植株中具有耐旱性品种的功能。Jones 等研究认为，热红外成像技术可以对田间水分状态评估中产生的误差进行纠正。

3.1.1.2 “三温模型”

邱国玉提出了基于气温、表面温度及参考表面温度的“三温模型”。该模型不仅可以用来计算植物的蒸散量，还可以用来评价当地的环境质量，具有计算简便、适应性广、易观测等特点。近年来，该模型在遥感领域获得一致好评，并被广泛采用。该模型内含植被蒸腾模型、土壤蒸发模型、植被蒸腾扩散系数、土壤蒸发扩散系数及作物水分亏缺系数 5 个基本模型。其中，土壤蒸发扩散系数被用来评价土壤水分状况与环境质量，而植被蒸腾扩散系数被用来评价植被水分状况与环境质量。将参考植被表面温度参数代入到模型中，就可以计算出植被蒸腾扩散系数和植被蒸腾量。大量试验证明，根据 h_{at} 易于监测及适应性广等特点，可以用来作为植物水分亏缺状态的指标，理论取值范围为 $h_{at} \leq 1$。

3.1.2 试验设计

试验于2014年9月26日和27日在自然保护区境内伊克布拉格草原化荒漠生态系统的沙冬青群落核心区进行。根据自然条件及沙冬青的实际生长状况，本着不同衰退状况植株并存且立地条件基本一致、利于连续观测为前提，选择地势平缓的区域，设置50m×50m的样地1块，样地内灌木盖度达到75%以上，且分布较为集中连片。结合沙冬青灌丛的生长势、新生枝条数量、叶片大小和厚度，依据灌丛枯枝率将样地内的沙冬青灌丛分为以下等级：①未衰退群落（枯枝率为0）；②轻度衰退群落（枯枝率为0~30%）；③中度衰退群落（枯枝率为30%~60%）；④重度衰退群落（枯枝率为60%~90%）（见表3-1）。在上述不同衰退等级的群落中，采用热红外成像仪拍照法各拍摄15~20个重复后，在室内采用ENVI 4.8软件进行温度提取，借助LI-COR6400野外实地同步观测沙冬青叶片光合生理指标和气象站测定的气象参数，采用“三温模型”计算不同衰退等级沙冬青灌丛层植被蒸腾扩散系数，并建立数学模型来判定灌丛的衰退程度。

表3-1 不同衰退等级样区沙冬青灌丛生长指标

生长指标	未衰退灌丛		轻度衰退灌丛		中度衰退灌丛		重度衰退灌丛	
	株高(cm)	冠幅(cm^2)	株高(cm)	冠幅(cm^2)	株高(cm)	冠幅(cm^2)	株高(cm)	冠幅(cm^2)
均值	152.24	234.65	140.8	203.83	120.55	181.62	137.08	219.42
最大值	176.51	270.5	165.89	250.06	158.34	216.57	158.41	267.49
最小值	95.06	203.64	120.37	187.44	83.27	141.03	90.89	160.57
标准差	8.94	15.93	4.55	10.95	16.16	20.04	12.26	23.64

3.1.3 测定指标与方法

3.1.3.1 植被表面温度获取

（1）红外热图像采集。热红外数据观测仪器采用美国 FLUKE 公司生产的 Ti55FT IR FlexCam 热像仪。该仪器的探测器参数为 320×240 焦平面阵列、25μm 间距的 Vanadium Oxide（VOx），无制冷；视场角为 23°×17°（水平×垂直），IFOV 空间分辨率为 1.3mrad，光谱波段为 8~14μm；温度测量范围为 -20℃ ~600℃，分辨率为 0.05℃。相机屏显操作模式为完全热红外光、完全可见光或热红外光—可见光组合图像。在观测日晴朗无云的天气里，选择具有代表性的未衰退、轻度衰退、中度衰退、重度衰退沙冬青各 15~20 株，站在 2m 高的人字梯上往下拍摄，使镜头垂直于植被冠层，连续观测 2d，测量时间点为 9：00、11：00、13：00、15：00、17：00，步长 2h。采取轮流测定的方法，即相邻的两次测定按相反的顺序进行，以消除测定时间上的误差。

试验期间，把与植物叶片颜色相同的绿色卡纸裁剪成叶片形状，做成一个没有蒸腾的参考叶片，并将参考叶片固定于冠层上部，以避免被其他叶片遮阴。参考叶片安装的倾斜角度、方位等尽量和同时观测的植物叶片保持一致（见图 3-1）。

（2）红外热图像提取。将采集的红外热图像，在室内利用 ENVI 4.8 软件，提取感兴趣区域（指树冠，尤其是参与光合、蒸腾作用的树叶而非地面或天空，以及模拟叶片部分）对应的所有像元温度，随后进行一定的统计分析，取其平均值，最终获取目标区域的温度信息数据。

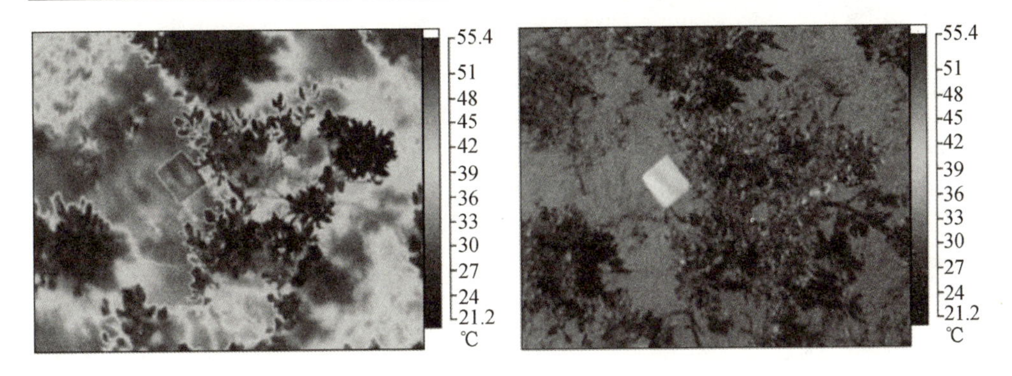

图3-1 沙冬青冠层的红外热图像（左）和彩色可见光图像（右）

3.1.3.2 气象条件的测定

利用Davis Vantage Pro 2气象站每2min自动记录空气温度、湿度、风速、太阳辐射等气象参数。

3.1.3.3 沙冬青叶片光合参数的测定

在红外热图像采集的样本区采集红外图像的同时，另一组试验人员利用便携式光合测定系统（LI-COR6400，LI-COR Inc. Lincoln，USA）测定不同株龄沙冬青叶片的光合生理指标。测定时，选取植株中上部3个方向的生长健康、完整且大小相似的叶片，保持其自然着生角度和方向不变，每2h测量1次，每片叶重复测试3次，每个株龄测定3株，连续测定2d。测定指标包括叶片气孔导度［G_s，mol H_2O/（$m^2 \cdot s$）］、蒸腾速率［T_r，mmol H_2O/（$m^2 \cdot s$）］和净光合速率［P_n，μmol CO_2/（$m^2 \cdot s$）］，最后导出G_s、T_r和P_n的数据，用于统计分析。植物叶面积测定采用图像扫描技术（Bond-Lamberty 2004）。

3.1.3.4 沙冬青冠层植被蒸腾扩散系数h_{at}的计算方法

根据三温模型的公式：

$$T = R_n - R_{np}\frac{T_c - T_a}{T_p - T_a} \tag{1}$$

式中，T 是蒸腾速率（$MJ \cdot m^{-2} \cdot d^{-1}$），$R_n$ 和 R_{np} 分别是冠层和没有蒸腾的参考冠层的净辐射（$MJ \cdot m^{-2} \cdot d^{-1}$），$T_c$ 是冠层温度，T_p 是没有蒸腾的参考冠层温度（本研究中为了制作瞬时温度的参考叶片，采用白卡纸涂上与不同衰退等级叶片颜色尽量相近的颜色来表示没有蒸腾的参考灌丛的瞬时温度），T_a 是气温（℃）。式（1）右边表示温度的项是计算蒸腾的关键部分，定义为植被蒸腾扩散系数（h_{at}）：

$$h_{at} = \frac{T_c - T_a}{T_p - T_a} \tag{2}$$

通过对式（2）的理论分析，可以得出植物健康指数的取值范围为 $h_{at} \leqslant 1$。该范围把蒸腾速度明显界定在最低蒸腾速度（0）到最大蒸腾速度（潜在蒸腾速度）之间。当 $T_c = T_p$ 时，h_{at} 取最大值（$h_{at} = 1$），对应的植被蒸腾量有最小值（蒸腾量 =0），该极限值受土壤和植物水分供给的限制；相反，当 h_{at} 取最小值时，相应的植被蒸腾量有最大值（潜在蒸腾量），该极限值取决于可获得的用于蒸腾的能量（太阳辐射等）和水汽传输速度（水汽压梯度等），即受蒸腾耗能的供给状况（大气条件）的限制。当植被无水分亏缺或不受环境胁迫时，蒸腾扩散系数有最小值；当植被受到最大水分亏缺或环境胁迫时，蒸腾扩散系数有最大值。

3.2 真菌多样性研究的实验材料与实验方法

3.2.1 实验材料

3.2.1.1 供试材料

用于高通量测序分析的沙冬青根系来自 3 个部分：①5 个不同生

境的沙冬青群落，包括河边、山坡脚、路边、化工厂和山坡上；②4个不同衰退等级的沙冬青群落，包括未衰退群落、轻度衰退群落、中度衰退群落和重度衰退群落；③沙冬青—霸王混合群落以及沙冬青单独群落。

用于高通量测序分析的霸王根系来自沙冬青—霸王混合群落以及霸王单独群落。

用于高通量测序分析的土壤来自4个不同衰退等级的沙冬青群落。

用于根内生真菌分离的根系来自4个不同衰退等级的沙冬青群落。

用于育苗的沙冬青种子来自内蒙古自治区鄂尔多斯市林业科学研究所。

3.2.1.2　主要仪器及试剂

3.2.1.2.1　主要仪器与实验用品

实验主要仪器包括：蒸汽灭菌锅、球形振荡器、Bio RAD 电泳仪、PCR 仪（Bio - rad T100 梯度 PCR 仪，美国 Bio - Rad 公司生产）、14000rmp 离心机、凝胶成像仪、低温高速离心机、恒温水浴锅、超净工作台、电子天平、Olympus 体视显微镜、Olympus 生物显微镜（日本）、旋涡震荡仪、分光光度计（Nanodrop 2000/2000C，美国 Thermo Scientific 公司生产）。

其他实验用品包括：微波炉、照相机、酒精灯、研磨棒、搅拌棒、滴管、记号笔、移液器（1000μL，200μL，100μL，10μL）及配套枪头、液氮罐、各种量程的容量瓶、镊子、各种量程的试剂瓶、滤纸、手术刀片、接种刀、各种量程的量筒、离心管、PE 手套、冰袋、载玻片、盖玻片、离心管、三角瓶等。

3.2.1.2.2　主要实验试剂及测序平台

真菌 DNA 提取试剂：快速提取试剂盒 PowerSoil ® DNA Isolation

Kit（美国 MoBio 公司）；

PCR 试剂：dNTP MiX、高保真 PCR 酶 Phusion ® High - Fidelity PCR Master Mix with GC Buffer（New England Biolabs）、ITS1F 和 ITS4（CTTG GTCA TTTA GAGG AAGT AA；TCCT CCGC TTAT TGAT ATGC，由北京华大公司合成）；

高通量测序平台：Illumina HiSeq 2500。

培养基。本研究用到的培养基主要有根内生真菌分离和纯化培养基、PDA 培养基。PDA 培养基配制方法如下：将 200g 去皮马铃薯切成 1cm 见方的小块，加去离子水 1000mL 煮 30min，用 4 层纱布过滤得到滤液，加去离子水定容至 1000mL，加 20g 葡萄糖、12g 琼脂，煮沸分装后高温灭菌。

3.2.2 实验方法

3.2.2.1 沙冬青根系、霸王根系和土壤采集

2015 年 8 月，在内蒙古自治区西鄂尔多斯国家自然保护区进行根系和土壤的采集。对沙冬青根系样品的采集按照供试材料提到的三个部分：①5 个不同生境的沙冬青群落；②不同衰退等级的沙冬青群落；③沙冬青—霸王混合群落以及沙冬青单独群落。

5 个不同生境的沙冬青群落根系采集：每个生境的沙冬青群落随机选取 15 株沙冬青，用铁锹挖土并寻找主根系，再沿主根系寻找侧根系。将采集的沙冬青根系装入密封袋，标注采集日期及生境，先保存在采集点的 -20℃冰箱内。返回实验室途中可以将装有根系的密封袋放入装有冰袋的泡沫箱中，回到实验室后放入 -20℃的冰箱中继续保存。同时在根系周围采集根围土壤样品，每株沙冬青采集至少 30g 根际土壤，保存方法和沙冬青根系相同。

不同衰退等级的沙冬青群落根系采集：不同衰退等级的沙冬青群落随机选取 15 株沙冬青，采集方法同上，保存方法同上。

不同衰退等级的沙冬青群落根围土壤采集：在根系周围采集根围土壤样品，每株沙冬青采集至少 30g 根围土壤。

沙冬青—霸王混合群落以及沙冬青单独群落根系采集：在沙冬青单独群落、沙冬青—霸王混合群落中随机选择 15 株沙冬青采集其根系。在沙冬青—霸王混合群落中，采集根系时一定注意将两个植物的根系区分开，即沿着每种植物的主根寻找侧根根系。

沙冬青—霸王混合群落以及霸王单独群落根系采集：在霸王单独群落、沙冬青—霸王混合群落中随机选择 15 株霸王并采集其根系。在沙冬青—霸王混合群落中，采集根系时一定注意将两个植物的根系区分开，即沿着每种植物的主根寻找侧根根系。

3.2.2.2 根内生真菌及土壤真菌总 DNA 提取与检测

沙冬青根系与土壤的总 DNA 提取的步骤相同，但前期需要不同处理。根系样品剪成 0.5cm 小段，然后将所有根系进行混样，随机抽取 3 份根样作为平行样进行测序；土壤样品则称取 10g。DNA 提取完全按照提取试剂盒的流程进行。提取后用 0.8%（电压 120V，时间 20min）的琼脂糖凝胶电泳检测 DNA 的样品完整性，取适量的样品于离心管中，使用无菌水稀释样品至 1ng/μL。由于扩增子测序结果的准确性很大程度上受 DNA 质量的影响，因此，提取过程中尽量保证 DNA 的完整性和足够的提取量。

3.2.2.3 ITS2 区 PCR 扩增

以稀释后的基因组 DNA 为模板，使用带 barcode 的且针对 ITS2 区段的标准特异引物（DIO：10.1371/journal.pone.0034847）ITS3 - 2024F（引物序列为 GCATCGAT GAAGAACGCAGC）和 ITS4 - 2409R

（引物序列为 TCCTCCGCTTATTGATATGC），同时使用高保真酶在 Bio－rad T100 梯度 PCR 仪上进行 PCR 扩增，确保扩增效率和准确性。引物合成时，为提高数据的利用效率，扩增子通常需要进行混样建库，在引物合成公司合成 2OD 的引物。本试验各生境根系样品所采用的 barcode 序列和 primer 序列如表 3－2～表 3－5 所示。

表 3－2　5 个不同生境的沙冬青群落的根系样品的 barcode 序列和引物碱基序列

样品 Sample Name	Barcode 序列 Barcode sequence	引物碱序列 Linker primer sequence
河边	ATCACG，GGCTAC	ITS3－2024F： GCATCGATGAAGAACGCAGC ITS4－2409R： TCCTCCGCTTATTGATATGC
山脚	ATCACG，CTTGTA	
路边	ATCACG，AGTCAA	
化工厂	ATCACG，AGTTCC	
山坡	ATCACG，AGTTTA	

表 3－3　不同衰退等级根系样品测序信息

样品 Sample Name	Barcode 序列 Barcode sequence	引物碱序列 Linker primer sequence
未衰退	ATCACG，GGCTAC	ITS3－2024F： GCATCGATGAAGAACGCAGC ITS4－2409R： TCCTCCGCTTATTGATATGC
轻度衰退	ATCACG，CTTGTA	
中度衰退	ATCACG，AGTCAA	
重度衰退	ATCACG，AGTTCC	

表 3－4　沙冬青—霸王混合群落根系样品测序信息

样品 Sample Name	Barcode 序列 Barcode sequence	引物碱序列 Linker primer sequence
ZC	ATCACG，GGCTAC	ITS3－2024F： GCATCGATGAAGAACGCAGC ITS4－2409R： TCCTCCGCTTATTGATATGC
ZMC	ATCACG，CTTGTA	
AMC	ATCACG，AGTCAA	
AC	ATCACG，AGTTCC	

表 3－5 不同衰退等级土壤样品测序信息

样品 Sample Name	Barcode 序列 Barcode sequence	引物碱序列 Linker primer sequence
CK	ATCACG，GGCTAC	ITS5－1737F： GGAAGTAAAAGTCGTAACAAGG ITS1－2043R： GCTGCGTTCTTCATCGATGC
Mi. R	ATCACG，CTTGTA	
Mo. R	ATCACG，AGTCAA	
Se. R	ATCACG，AGTTCC	

3. 2. 2. 4 PCR 反应体系

PCR 反应体系（30μL）（见表 3－6）为 15μL Phusion Master Mix（2×），3μL Primer（2μM），10μL gDNA（1ng/μL），2μL H_2O。PCR 体系配置时，根据体系的总体积加入相应量的引物（10μM），使上下游引物的最终浓度为 0. 2～0. 25μM。PCR 扩增程序如表 3－7 所示。

表 3－6 30μL 体系的 ITS2 区 PCR 扩增反应的试剂浓度及用量

试剂 Reagent	浓度 Concentration	用量（μL） Dosage（μL）
Phusion Master Mix	20mmol/L	15. 0
Primer	2μmol/L	3. 0
gDNA	1ng/μL	10. 0
H_2O	—	2. 0

表 3－7 PCR 扩增程序

阶段 Stage	温度（℃） Temperature（℃）	时间 Time	循环（次） Loop（time）
预变性	98	1min	0
变性	98	10s	30
退火	50	30s	
延伸	72	30s	
延伸	72	5min	0

3.2.2.5 PCR 产物的混样和纯化

PCR 产物使用 2% 浓度的琼脂糖凝胶进行电泳检测。根据 PCR 产物浓度进行等浓度混样，充分混匀后使用 1×TAE 配制成浓度为 2% 的琼脂糖胶电泳纯化 PCR 产物，选择主带大小在 400~450bp 之间的序列，割胶回收目标条带。产物纯化试剂盒使用的是 Thermo Scientific 公司的 Gene JET 胶回收试剂盒。

3.2.2.6 文库制备并测序

3.2.2.6.1 制备文库

PCR 产物检测合格后，等质量混合，使用 Covaris 超声波破碎仪随机打断，再经修复末端突出的 DNA 片段，在片段 3′端加碱基“A”、接头的 3′末端加测序接头碱基“T”，纯化，PCR 扩增等步骤，即可完成整个文库的制备工作。使用 Illumina 公司 TruSeqDNAPCR－FreeLibraryPreparationKit 建库试剂盒进行文库的制备。利用 PCR 选择性地富集两端连有接头的 DNA 片段，同时扩增 DNA 文库。PCRfree 文库构建的条件如下：自建库，样品总量≥30ng（单次建库≥0.1μg）、浓度≥0.8ng/μL、体积≥10μL。

3.2.2.6.2 均一化文库并检测文库

将样品 DNA 文库均一化至 10nmol/L 后等体积混合。构建好的文库用分光光度计 Nanodrop 检测，凝胶电泳后，经 Qubit 2.0 定量和文库检测，使用 MiSeq 平台进行上机测序。

3.2.2.6.3 上机测序

将混合好的文库（10nmol/L）逐步稀释定量至 4~5pmol/L，而后用 Illumina MiSeq 2500 测序平台进行双末端（Paired－end）PE250 测序，周期约为 36 个自然日。随后，进行生物信息学分析（Bioinformatics analysis）。本研究的测序和生物信息服务在北京诺禾致源生物信息

科技有限公司完成。

3.2.2.6.4 数据质量控制

首先对获得的扩增子原始测序数据（RawData），即原始的拼接序列（格式要求为 fastq，对象数据库为 NCBI SRA，http：//www. ncbi. nlm. nih. gov/Traces/sra_sub/）进行质量控制，即对双端的序列做质量过滤：碱基平均质量≥Q20（即碱基准确率为 85%），碱基平均质量≥Q30（即碱基准确率为 80%），序列长度范围为 250bp ~ 530bp，且不容许有 N。其次进行 GC 含量分布检查，检测有无 AT、GC 分离现象，理论上每个测序循环上的 GC 及 AT 含量应分别相等，且在整个测序过程内基本稳定不变，而 N 的含量也反映了测序质量的好坏。最后得到质控过滤数据（Clean Data）。

3.2.2.7 生物信息学分析

来自原始 DNA 拼接序列的双末端 reads 可以通过 FLASH 软件进行拼合，FLASH 软件在 reads1 和 reads2 重叠（overlap）时被用来拼合双末端 reads，要求两端序列（reads1 和 reads2）的重叠≥10bp，且不容许碱基错配。双末端 reads 要根据各样品唯一的 barcode 被分配给每一个样品。使用 QIIME（Quantitative Insights Into Microbial Ecology，http：//qiime. org）对 reads 进行过滤，再进行质量控制。高通量测序建库过程中的 PCR 扩增易产生嵌合体序列以及点突变等系统错误，因此要对上述结果中的序列进行进一步过滤及去除嵌合体处理。使用 Mothur 软件中 uchime 的方法去除嵌合体序列；利用 Uparse 软件（http：//www. drive5. com/uparse/）去掉所有序列中的重复序列，使重复序列只保留一条，再剔除 singleton 序列；随后用 mothur（version 1. 36. 1，http：//www. mothur. org/）软件划分 OTU（Operational Taxonomic Units）序列，本文以 97% 的相似度为聚类阈值划分入同一 OTU，得到 OTU 的分布矩阵。使用 RDP 软件（http：//rdp. cme. msu. edu）的 classifer 方法为每一代表序列进行物种分类信息注释。去除干扰数据（Dirty Data）后，根据序列标签（Tags）提取出每个样品的有效序列（Clean Data），后续的分析与有效序列密切相关。使用 Blast 软件（https：//blast. ncbi. nlm. nih. gov/Blast. cgi）对有效序列与数据库中的参考序列进行比对，并得出鉴定结果矩阵，对其进行信息处理；再利用 WinSCP 平台构建 OTU 数目矩阵，随后再次用 Mothur 软件进行数据矩阵标准化处理；利用 R 软件将处理结果与鉴定结果合并，获得可供后续分析的一个矩阵。

用 Microsoft Office Excel 2010 软件统计每个样品的有效序列数目及长度、序列标签数和 OTU 序列数、各个分类水平上的总序列数以及目水平上的 OTU 数目统计、属水平上的相对丰度等，并对部分结果绘图。利用 Excel 和 Mothur 软件制作各样品间 OTU 数目关系的维恩图（Venn）。利用 Fasttree 软件与 R 软件进行热图（Heatmap）分析，制作物种 OTU 丰度聚类热图和后续 PCoA 分析主成分信息热图。利用诺禾致源自主开发的软件 SVG 制作样品物种分类树。外生菌根真菌的鉴定根据相关资料中已经鉴定出的真菌的结果进行简单查找并统计。制作外生菌根真菌 OTU 的系统发育树（Phylogenetic tree，或称系统发生树）。系统发育树，简称系统树，是用一种树状分枝的图形来概括各种（类）生物之间的亲缘关系。本文利用 MEGA 7. 0 软件对鉴定出的外生菌根真菌进行建树。

多样性分析包括 Alpha 多样性分析和 Beta 多样性分析。Alpha 多样性指生境内的多样性，主要关注局域均匀生境下的物种数目。本文使用 Alpha 多样性的指数有物种数目饱和度（Observed species）、Chao1 指数（Chao1 index）、香农指数（Shannonindex）、测序深度指数

（Good's coverage）和等级丰度（Rank abundance）。Beta 多样性指生境间的多样性，指沿环境梯度不同生境群落之间物种组成的相异性或物种沿环境梯度的更替规律。本章使用的 Beta 多样性分析方法有 PCoA（Principal Coordinate Analysis）、PCA（Principal Component Analysis）和样品相似度分析。利用 Mothur 软件与 R 软件进行 Alpha 多样性分析和 Beta 多样性分析与图形输出。利用 Microsoft Office Excel 2010 编程实现上述数值的统计与计算。

物种数目饱和度分析用来分析测序样品序列数目是否能够足以反映环境微生物多样性。当物种数目饱和度曲线趋于平缓时，增加测序数据量将会有很少的新发现物种，表明测序数据合理；反之则表明进一步测序还可能会有更多新的物种。基于样品中的 singleton（单条 read 的 OTU）和 doubleton（两条 reads 的 OTU）来评估环境中某类生物的多样性，其值越高表明群落物种的丰富度越高。香农指数用于反映多个样品中的微生物多样性，利用各样品在不同测序深度时的香农指数可以构建香农曲线。当曲线趋向平坦时，说明测序数据量足够大，可以反映样品中绝大多数的微生物组成，其值越高表明群落物种多样性越高。本章中的测序深度指数表示的是测序鉴定实际所得的 OTU 数目占样品中理论可得 OTU 数目的覆盖情况，用以反映各个样品测序的合理程度。等级丰度曲线用来解释样品中的物种均匀度和物种丰度。曲线越宽表示物种组成丰富度越高，曲线越平坦表示物种组成均匀度越高。主坐标分析分为加权（Weighted）和不加权（Unweighted）两种，两者均可用于表明样本间的差异，区别在于加权的 PCoA 分析考虑了样本间序列的相对丰度。该分析使用 Mothur 中的 Bray curtis 距离计算方法分析得到样品间的距离矩阵，将各样品相互间的距离作为计算群落结构变化的坐标变量，降维处理后在低维度坐标系中考察各样品间微生物群落结构的差异。主成分分析是一种应用方差分解方法，对多维数据进行降维并提取出数据中两个最主要的影响因素，绘制二维坐标图并反映出样品间的差异，将复杂数据的规律直观表示，如果样品在PCA图中的距离越接近且被某一坐标轴分隔划分入一侧内，则其群落组成越相似。主成分分析利用SPSS软件（SPSS 19）进行方差分析，利用SigmaPlot 10.0软件作图。群落结构相似度分析是比较在某一分类水平上各个样品中各个物种数目占物种总数的百分比，观察多个物种间在不同样品中占比相近程度，从而判断样品中群落结构的相似程度。

3.2.2.8 根内生真菌的分离、纯化与扩繁

把采集的根系用75%酒精进行表面消毒，培养基选用土豆琼脂培养基（PDA）。

沙冬青根段放入PDA培养基中进行培养，每天进行观察，及时将长好的菌块转移到新PDA培养皿中进行培养。根据菌落的特征进行初步分类，共纯化得到9种不同的菌株，并将菌株编号为SDQ1—SDQ9。对菌株进行扩繁培养，扩繁培养基也为PDA培养基，在28℃恒温暗室培养。

3.2.2.9 沙冬青根系内生真菌菌株的分子鉴定

3.2.2.9.1 菌株DNA提取

在超净工作台中用灭菌的镊子刮取培养皿菌落中的菌丝放入1mL离心管中，尽量不要夹到培养基。离心管编号与菌株编号相对应。将装有菌丝的离心管放入液氮中冷冻30s后取出，用研磨棒将菌丝磨成粉末；1.5mL离心管中加500μL的缓冲液Ⅱ，同时冲洗研磨棒；将离心管内样品充分振荡混匀后放入56℃水浴锅中温育裂解10min。裂解好的样品按照真菌DNA提取试剂盒的说明进行操作。

3.2.2.9.2 PCR 扩增

PCR 扩增的反应体系及条件见表 3－8 和表 3－9。

表 3－8 PCR 反应体系（25μL）

试剂	体积
ITS1F 10μM	0.5μL
ITS4 10μM	0.5μL
dNTP－Mix	2μL
Easy Taq buffer	2.5μL
Taq－Polymerase	0.25μL
DNA 模板	2μL
ddH_2O	17.25μL

表 3－9 PCR 扩增条件

反应步骤	反应温度	反应时间	循环数
预变性	94℃	5min	
变性	94℃	30s	35 个循环
退火	54℃	30s	
延伸	72℃	45s	
终延伸	72℃	5min	

3.2.2.9.3 测序

扩增成功的产物直接送往南京金斯瑞生物科技有限公司进行测序。对测序得到的序列使用 Bioedit 进行编辑，然后在 NCBI 进行 BLAST 序列比对。

3.2.2.9.4 系统发育分析

运用贝叶斯法对沙冬青所有根内菌株 DNA 中 ITS 区段的碱基序列进行系统发育分析。首先使用 BioEdit 7.0.5 对测序成功的序列进行编辑，其次将序列输入 UNITE 和 NCBI 进行序列比对，下载相似度较高的代表序列。所有序列整理到一个“fasta”格式的文件里，运用 mafft v6.8 将序列对齐，使用 Bioedit 和 Cluster 对序列进行编辑。在 MrModeltest v2.3 程序中运用 AIC 运算，确定适用于分析的最佳模型为 SYM + I + G，贝叶斯分析设置运行代数 500 万次，运行至平均标准偏差低于 0.01 时终止。其他参数设置保持默认。在 MrBayes 中后续运行 Sump 和 Sumt 指令，舍弃前 25% 代，对系统发育树进行总结和后验概率（PPs）的计算。

3.2.2.10 回接实验

3.2.2.10.1 沙冬青育苗

选择发育良好、饱满的沙冬青种子，用温水浸泡 24h；在无菌条件下用 10% H_2O_2 消毒 30min，再用无菌水冲洗 3 ~ 4 次。冲洗完毕后，将种子放置在纱布中，用橡皮筋将其包扎住。每天早晚往纱布上洒一定的蒸馏水，保证其种子一直处于湿润状态，进行催芽。待沙冬青种子出芽后，将发芽的种子取出放入盛有蛭石的花盆中进行培育。

3.2.2.10.2 沙冬青幼苗移栽

称取适量蛭石与蒸馏水混拌，含水量 50% ~ 60% 为宜，混匀后装袋，高温高压灭菌 1h。冷却后晾晒 7d 备用。试验选用规格为 120mm × 100mm 的育苗杯，将灭菌后的蛭石装入育苗杯中，在超净工作台内把生长健壮的沙冬青幼苗栽植于已灭菌的蛭石育苗杯中。栽植好的幼苗置于光照培养室培养 10d，确定苗木已成活后，选择生长一致的苗木备用。

3.2.2.10.3 菌种液体培养

用 PACH 琼脂培养基对所用菌种进行平板培养，获得生活力旺盛的菌丝，在无菌条件下切取 SDQ3、SDQ6、SDQ7、SDQ8 4 个菌株的菌块，接种于盛有 250mL 液体培养基的三角瓶（500mL）中，并准备未接种的空白培养液作为对照处理，置于 25℃、转速 120r/min 的摇床上，培养 7d，得到液体菌剂。

3.2.2.10.4 培养基配方

土豆琼脂培养基（PDA）配方及制作方法参见微生物学实验。

3.2.2.10.5 回接

在育苗杯中沙冬青幼苗周围用品字形打孔器打孔，再把用摇床摇好的液体培养液注入育苗杯。接种于幼苗靠近根部的土壤，接种深度约为10cm，每盆接种10mL。分别将四种培养液注入育苗杯中，对照处理的沙冬青苗接种无菌剂的培养基质。试验在温室标准苗床中进行，温室培养期间的昼间温度为25～28℃，夜间温度为18～21℃，昼夜温度自然过渡，湿度为60%～70%。培育期间不施肥，定期浇水。培养过程中观察沙冬青接种后的生长表现。

3.2.2.10.6 接菌沙冬青的根系检测

（1）先准备离心管若干，在其底部开五个小孔，编好编号。将沙冬青根系样品先用蒸馏水冲洗2～3次，去除根系上的沙土等脏物，然后从袋中每条根上分别剪下长约1cm的根段，将其放在离心管的底部。最后将编号的离心管插在圆形的泡沫板上。

（2）在大烧杯中加入由30g KOH和300mL蒸馏水配制成的10%的KOH溶液。将插有离心管的泡沫板放在配制好的10% KOH溶液中，然后将其放置在92℃的水浴锅中加热半个小时，水浴加热后用蒸馏水冲洗根段。

（3）用50mL乳酸、50mL丙三醇、0.05g Try pan blue配制成0.05%的台盼蓝（Try pen blue）染液。在离心管中加入适量台盼蓝染液，后将水浴并冲洗过的根放入装有台盼蓝的离心管中染色12h。

（4）染色完成后将根放在载玻片上（根较粗时剔除木质部），滴几滴乳酸后盖盖玻片制片。在光学显微镜下观察菌根内真菌的结构、形态等并摄影。

4 基于红外热成像技术的沙冬青衰退等级划分

珍稀濒危物种的保护是一个全球性问题，是生物多样性保护的重要内容。沙冬青是我国北方干旱区最重要的珍稀濒危植物之一，也是我国北方乃至亚洲中部荒漠区唯一的常绿阔叶灌木，属第三纪古老植物区系的孑遗，对研究亚洲中部荒漠植被的起源和形成具有较重要的科学价值。此外，由于长期在严酷、恶劣的自然生境中繁衍进化，沙冬青保存了耐（适）干旱、耐（适）贫瘠等特殊的抗逆基因，是一种优良的固沙植物，在我国珍稀濒危植物名录中被列为国家三级珍稀濒危保护植物。沙冬青的天然分布具有极强的地域性，目前，全球范围内仅我国西北、俄罗斯和蒙古国有少量分布。

分布范围狭小、生境严酷、天然更新能力差，加之遭受人类活动的破坏，导致沙冬青出现了不同程度的衰退，生存现状岌岌可危，必须采取有效的措施对其进行繁育和保护。然而，在保护过程中，正确诊断沙冬青植株的生长状态和衰退程度，从而采取相应的人工措施促进其复壮是首要解决的问题。目前，传统调查植株生长状态及评价植物衰退状况的方法大多是测定光合、蒸腾等生理指标，调查生物量和生长势等生长指标，但这些方法比较烦琐耗时，大量的试验或操作不当还会导致植株叶片受到损伤，同时存在以样点代表总体的严重不足。因次，亟须一种快速方便、准确可靠的非接触式无损伤诊断技术。

利用红外热成像技术提取表面温度已成为一项获取生物环境信息的可靠方法并已被广泛应用于植物生理学、植物生态生理学、环境监测和农业领域。早在1980年初期，该项技术已经被广泛应用于工业、农业、环境保护和科学研究。在植物学方面，该技术被用来研究植物叶片气孔运动、光合特性，近年来也被用于研究植物抗旱性、盐胁迫、气孔突变、植物基因类型。

在正常情况下，植物的表面温度通过蒸腾失水来维持相对的稳定性，一旦受到外界胁迫（如干旱等）的影响，气孔行为就会发生改变，从而直接反映在一些生理指标（如气孔导度、蒸腾强度等）的改变上。而蒸腾强度的改变通常会改变叶片表面热量损失的程度大小，继而反映在植物表面温度的改变上，即植物表面温度会随着蒸发蒸腾作用、光合作用以及环境因素的改变而变化。尽管植物表面温度受很多外界条件的影响，但它常被用来反馈植物水分状态、气孔关闭和蒸腾衰减。基于这一原理，不少专家学者已将其作为一种水分和环境胁迫的监测指标。

本章在利用红外热成像技术的基础上，通过野外实地监测获取图像，室内运用ENVI软件提取植被冠层表面温度，同时将其代入“三温模型”中计算植被蒸腾扩散系数，进而探索不同株龄的沙冬青植被蒸腾扩散系数与其光合参数之间的相关关系，以期为沙冬青衰退程度诊断提供一种快速、准确的技术，并以此来提高保育水平。

4.1 结果与分析

本研究涉及的研究区位于保护区的伊克布拉格草原化荒漠生态系统核心区的伊克布拉格嘎查境内，沙冬青群落的主要立地条件为半固定沙地和流沙地，气候和土壤条件较为恶劣，其伴生灌丛种类多为霸王和四合木，草本及半灌丛种类有沙葱（*Allium mongolicum*）、戈壁针茅（*Stipa tianschanica*）和油蒿（*Artemisia ordosica*）。群落盖度为10%左右。将研究区沙冬青群落根据枯枝率划分为四个衰退等级进行植被物种统计，如表4-1所示。

保护区内沙冬青群落结构简单，植物种类较少，调查中共出现了10种灌木和15种草本，共计8科21属：菊科植物5种，藜科5种，豆科4种，蒺藜科3种，禾本科3种，百合科2种，柽柳科2种，蔷薇科1种。随着退化的加剧，植物种数先减少，而后增加。

4.1.1 沙冬青群落特征

4.1.1.1 沙冬青群落生活型组成

对沙冬青群落不同衰退阶段所出现的植物生活型进行统计，结果如图4-1所示：未衰退阶段地面芽植物比例最多，而一年生植物比例最小；轻度衰退阶段地上芽植物比例最大，而一年生植物比例最小；中度衰退阶段一年生植物比例最大，而地上芽和地面芽植物的比例最小；重度衰退阶段一年生植物比例最大，地上芽植物比例最小。

表 4-1 沙冬青群落植被物种统计

衰退阶段	经度	纬度	海拔	科	种名	重要值
未退化	E 106°54′12.3″	N 40°04′16.3″	1182m	豆科	沙冬青 *Ammopiptanthus mongolicus*	2.4
					猫头刺 *Oxytropis aciphylla*	0.2
				蒺藜科	霸王 *Sarcozygium xanthoxylon*	1.9
					骆驼蓬 *Peganum harmala*	0.2
				禾本科	戈壁针茅 *Stipa tianschanica*	0.1
					小针茅 *Stipa krylovii*	0.1
				百合科	戈壁天门冬 *Asparagus gobicus*	0.1
					蒙古韭 *Allium mongolicum*	0.2
				蔷薇科	绵刺 *Potaninia mongolica*	1.1
				菊科	猪毛蒿 *Artemisia scoparia*	0.3
				柽柳科	红砂 *Reaumuria soongorica*	0.2
				藜科	蒙古虫实 *Corispermum mongolicum*	0.2
轻度退化	E 106°53′41.8″	N 40°04′28.2″	1173m	豆科	沙冬青 *Ammopiptanthus mongolicus*	2.3
					猫头刺 *Oxytropis aciphylla*	0.6
					糙叶黄耆 *Astragalus scaberrimus*	0.3
				百合科	戈壁天门冬 *Asparagus gobicus*	0.2
					蒙古韭 *Allium mongolicum*	0.2
				禾本科	糙隐子草 *Cleistogenes songorica*	0.1
				蒺藜科	霸王 *Sarcozygium xanthoxylon*	1.7
				蔷薇科	绵刺 *Potaninia mongolica*	0.2
				菊科	砂蓝刺头 *Echinops gmelini*	0.1
				柽柳科	黄花红砂 *Reaumuria trigyna*	0.7
				藜科	细叶猪毛菜 *Salsola ruthenica*	0.1
中度退化	E 106°52′26.1″	N 40°04′37.8″	1209m	豆科	沙冬青 *Ammopiptanthus mongolicus*	2.1
					糙叶黄耆 *Astragalus scaberrimus*	0.1
				蒺藜科	霸王 *Sarcozygium xanthoxylon*	1.4
					四合木 *Tetraena mongolica*	0.2
				菊科	砂蓝刺头 *Echinops gmelini*	0.5
					白沙蒿 *Artemisia sphaerocephala*	0.4
				藜科	合头草 *Sympegma regelii*	0.1
					沙蓬 *Agriophyllum squarrosum*	0.5

续表

衰退阶段	经度	纬度	海拔	科	种名	重要值
中度退化	E 106°52′26. 1″	N 40°04′37. 8″	1209m	蔷薇科	绵刺 *Potaninia mongolica*	0. 1
				百合科	蒙古韭 *Allium mongolicum*	0. 4
重度退化	E 106°56′46. 0″	N 40°04′03. 9″	1203m	豆科	沙冬青 *Ammopiptanthus mongolicus*	2. 1
					猫头刺 *Oxytropis aciphylla*	0. 4
				蒺藜科	霸王 *Sarcozygium xanthoxylon*	1. 6
					四合木 *Tetraena mongolica*	0. 3
					白刺 *Nitraria tangutorum*	0. 6
				菊科	砂蓝刺头 *Echinops gmelini*	0. 6
					漏芦 *Stemmacantha uniflora*	0. 1
					柔毛蒿 *Artemisia pubescens*	0. 1
				藜科	沙蓬 *Agriophyllum squarrosum*	0. 5
					蒙古虫实 *Corispermum mongolicum*	0. 3
					雾冰藜 *Bassia dasyphylla*	0. 1
				蔷薇科	绵刺 *Potaninia mongolica*	1. 7
				百合科	蒙古韭 *Allium mongolicum*	0. 4
				禾本科	糙隐子草 *Cleistogenes songorica*	0. 2
				柽柳科	红砂 *Reaumuria soongorica*	0. 2

数据来源：吴昊．西鄂尔多斯地区沙冬青群落退化特征研究［D］．内蒙古农业大学硕士学位论文，2016.

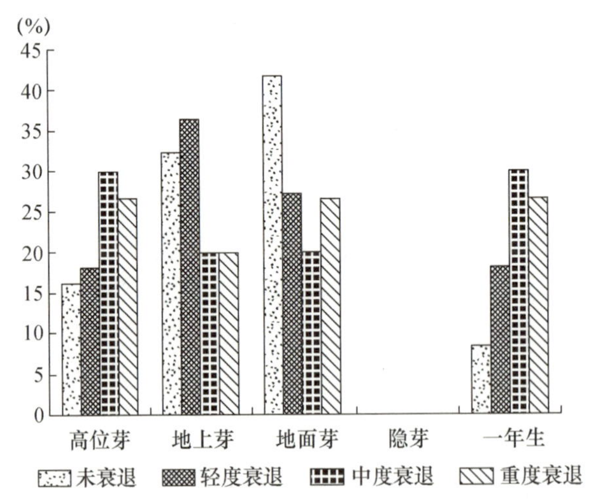

图 4－1 沙冬青群落生活型

4.1.1.2 沙冬青植被群落特征描述

未衰退阶段沙冬青群落的灌木层盖度最大，达15.82%；轻度和中度衰退阶段其次，约6%；重度衰退阶段沙冬青群落的灌木层盖度最小，仅为4.61%。重度衰退阶段沙冬青群落草本盖度最大，其次是中度衰退阶段和轻度衰退阶段，未衰退阶段草本盖度最小。生物量的变化规律与盖度的变化规律一致，如表4－2所示。

表4－2 植被特征统计

衰退阶段	灌木盖度（%）	草本盖度（%）	灌木生物量（g/m^2）	草本生物量（g/m^2）	Shannon－Wiener	Simpson	Pielou
未衰退	15.82	0.33	48.79	4.55	1.68	0.94	0.64
轻度衰退	6.43	1.66	32.56	7.83	1.77	0.98	0.80
中度衰退	6.10	1.32	28.94	11.42	1.72	0.96	0.77
重度衰退	4.61	3.88	17.66	15.36	1.85	0.97	0.71

4.1.1.3 沙冬青的种群结构和空间分布

4.1.1.3.1 不同衰退阶段沙冬青群落龄级结构

通过比照参考尉秋实、何恒斌与靳虎甲等学者的研究结论，结合西鄂尔多斯地区沙冬青自身的特点，依据高度（H）和冠幅（W），把沙冬青种群划分为4个年龄段，即幼苗：$H \leqslant 20cm$，$W \leqslant 30cm$；幼树：$20cm < H \leqslant 40cm$，$30cm < W \leqslant 60cm$；中龄植株：$60cm < H \leqslant 90cm$，$60cm < W \leqslant 210cm$；老龄植株：$H > 90cm$，$W > 210cm$。

保护区内不同龄级的沙冬青整体呈不均匀分布。无论是从高度级还是冠幅级来看，未衰退阶段的沙冬青种群以中、老龄植株处于绝对优势，缺乏幼苗，幼龄自然更新缓慢，老龄化严重。从高度级来看，轻度衰退阶段沙冬青种群龄级分布较为均匀，但是仍以中、老龄植株为主；从冠幅级来看，中、老龄植株处于绝对优势。中度衰退阶段沙冬青种群的龄级分布以中、老龄植株处于绝对优势，老龄化严重。重度衰退阶段各龄级沙冬青分布较为均匀，虽然中、老龄植株比例较大，但是有大量幼苗的出现，能够自我更新，如图 4 －2 ~ 图 4 －5 所示。

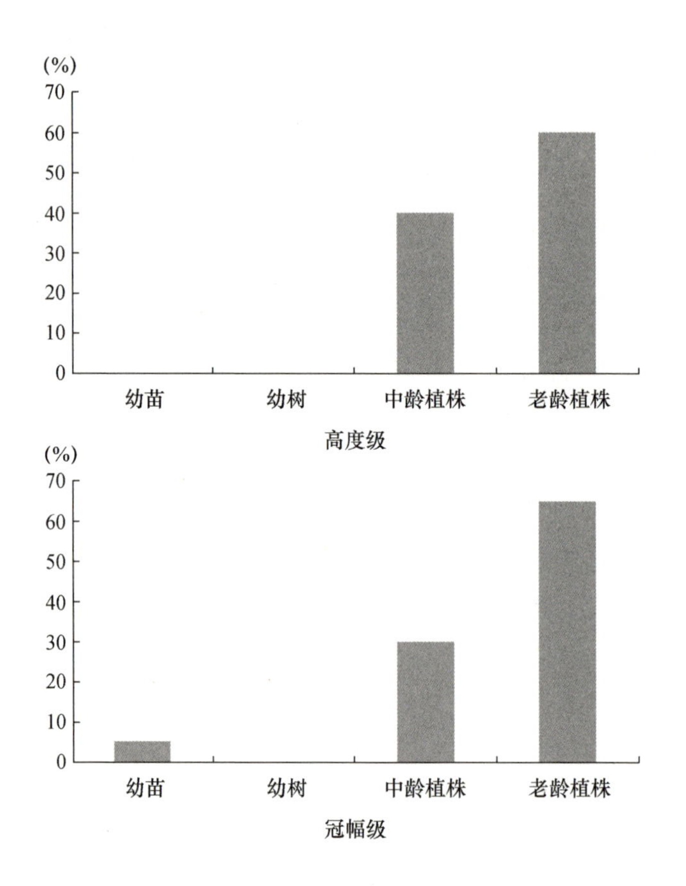

图 4 －2　未衰退阶段沙冬青种群龄级百分比

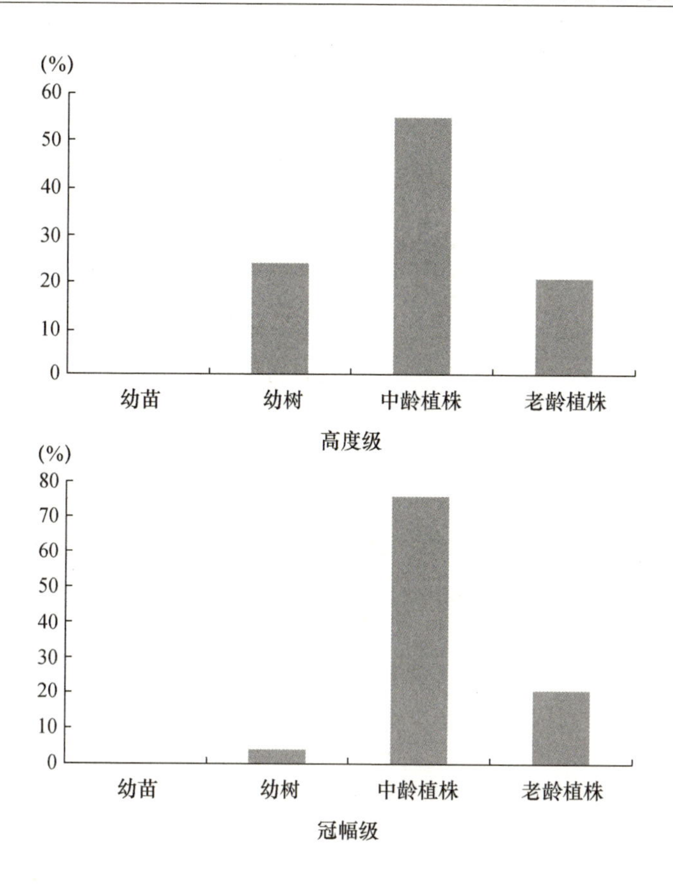

图 4－3 轻度衰退阶段沙冬青种群龄级百分比

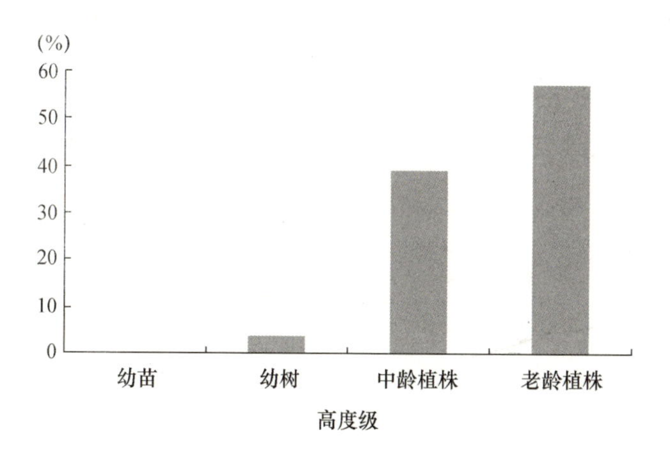

图 4－4 中度衰退阶段沙冬青种群龄级百分比

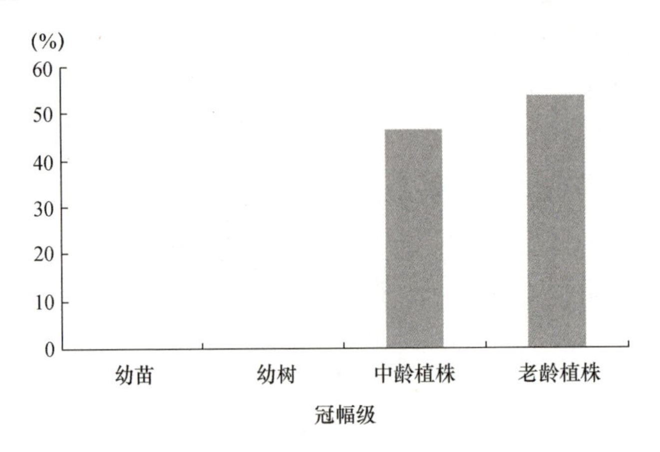

图 4－4　中度衰退阶段沙冬青种群龄级百分比（续图）

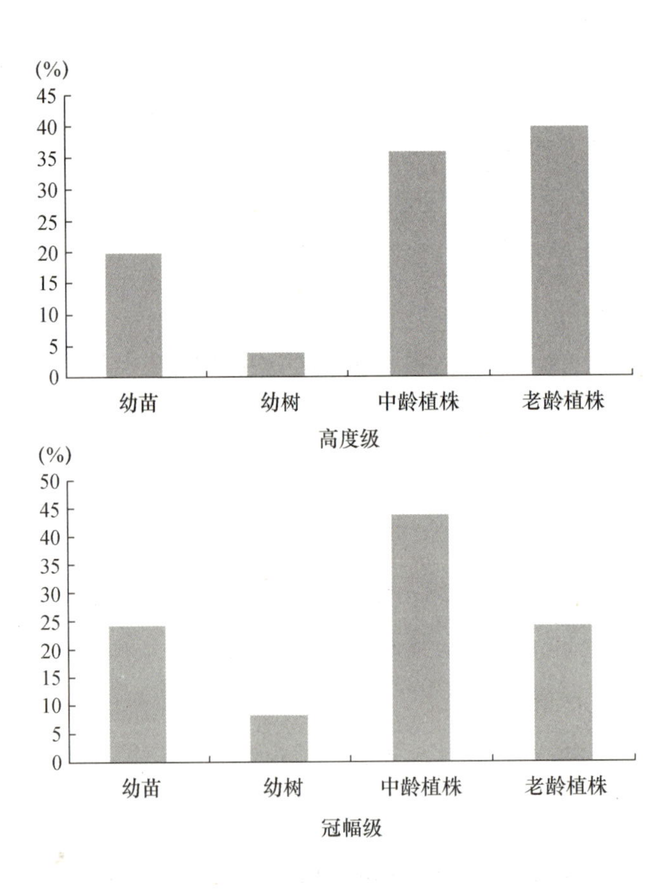

图 4－5　重度衰退阶段沙冬青种群龄级株数百分比

4.1.1.3.2　沙冬青种群空间格局分析

在沙冬青种群聚集指标中，Cassie <0 属于均匀分布，Cassie =0 属于随机分布，Cassie >0 属于集群分布；Green <0 属于均匀分布，Green =0 属于随机分布，Green >0 属于集群分布；I <1 属于均匀分布，I =1 属于随机分布，I >1 属于集群分布；I_m <1 属于均匀分布，I_m =1属于随机分布，I_m >1 属于集群分布；c <1 属于均匀分布，c =1 属于随机分布，c >1 属于集群分布。由上述数据可知，未衰退、轻度衰退、中度衰退阶段沙冬青种群呈均匀分布，而重度衰退阶段沙冬青种群呈集群分布，如表 4 -3 所示。

表 4 -3　沙冬青种群聚集指标与空间分布格局类型

衰退阶段	丛生指数 I	扩散性指数 I_m	Cassie 指标（C_A）	扩散系数 c	Green 指数（GI）	空间分布格局
未衰退	-0.95	0.96	-0.049	0.05	-0.95	均匀分布
轻度衰退	-0.53	0.99	-0.018	0.47	-8.07	均匀分布
中度衰退	-0.79	0.98	-0.026	0.20	-0.79	均匀分布
重度衰退	0.89	1.04	0.025	1.89	0.89	集群分布

4.1.2　不同衰退等级的沙冬青灌丛叶片温度的变化

试验于 2014 年 9 月 26 日和 27 日两天进行，这两日天气晴朗，无风。从图 4 -6（A 和 B）中可以看出，一天之内，T_p、T_a、T_c 变化规律一致，均是随着时间的推移呈现“单峰”曲线特征，且在一天当中，T_a、T_p 及沙冬青叶片温度均在 13 点达到峰值。图 4 -6A 为 26 日不同衰退等级沙冬青灌丛叶片温度的变化，可以发现沙冬青灌丛叶片温度均高于同时刻的气温 T_a，这表明沙冬青叶片具有吸收太阳热量的作用。沙冬青灌丛衰退越严重，同一时刻叶片的温度越高，且均低于

T_p；沙冬青衰退程度越低，其叶片温度与大气温度 T_a 越接近，与对照卡片温度 T_p 温差越大。其中，未衰退沙冬青叶片温度与大气温度 T_a 最接近，仅平均比大气温度 T_a 高出 1.32℃，而轻度衰退、中度衰退及重度衰退沙冬青灌丛叶片温度平均比大气温度分别高出 2.06℃、2.84℃、3.96℃。

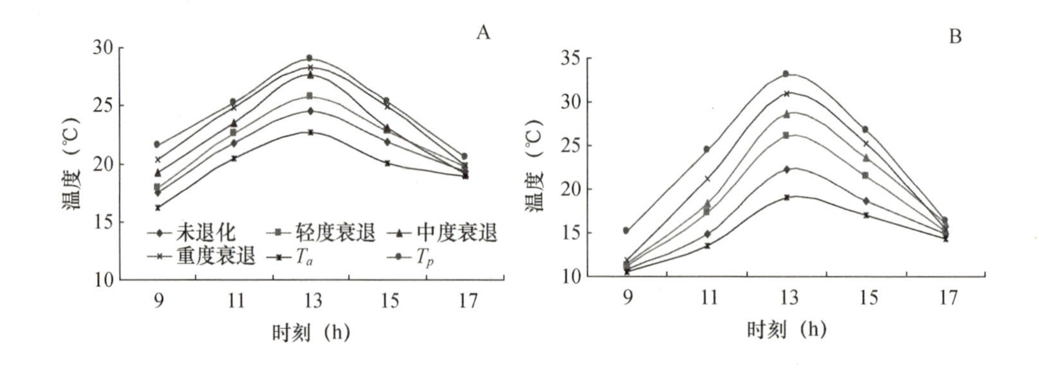

图 4-6 不同衰退等级沙冬青灌丛 T_c、T_a、T_p 变化曲线

（A、B 分别代表 9 月 26 日和 27 日）

次日（27 日），大气平均温度 T_a 较 26 日降低了 4.78℃。不同衰退等级沙冬青灌丛叶片温度日变化规律与 26 日（见图 4-6A）一致。不同衰退等级沙冬青灌丛叶片温度的日变化趋势与大气温度变化相一致，均呈现先升高后降低的趋势，在午时 13 点达到温度峰值。同一时刻沙冬青灌丛叶片表面温度表现为 T_p > 重度衰退 > 中度衰退 > 轻度衰退 > 未衰退 > T_a。在大气温度 T_a 较低时，不同衰退等级沙冬青灌丛叶片温度间的差异表现得越明显。

4.1.3 不同衰退等级的沙冬青灌丛植被蒸腾扩散系数的变化

植被蒸腾扩散系数（h_{at}）是评价植被的水分状况和植被环境质量

的重要指标之一。植被蒸腾扩散系数（h_{at}）越低表明植被的水分状况越好，植被的蒸腾量越高，植被水分亏缺越低，生长越旺盛；反之，植被蒸腾扩散系数（h_{at}）越高表明植被的水分状况越差，植被的蒸腾量越低，植被水分亏缺越严重，生命力越差，衰退也越严重。

从图4－7（A和B）可以看出，9月26日和27日不同衰退等级沙冬青灌丛植被蒸腾系数（h_{at}）的日变化规律均表现出先降低后升高的趋势，且均在午时13点达到最低值。

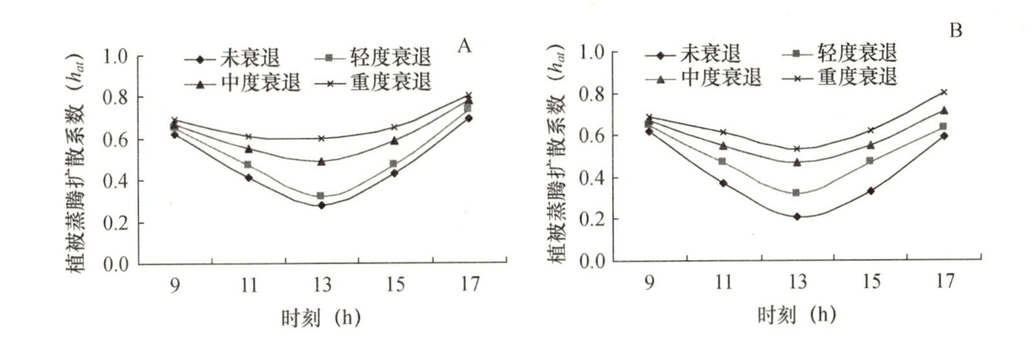

图4－7 不同衰退等级沙冬青灌丛植被蒸腾扩散系数（h_{at}）变化曲线

（A、B分别代表9月26日和27日）

从图4－7A可以看出，不同衰退等级沙冬青灌丛植被蒸腾系数在各时刻均存在不同差异，在下午13时差异最为明显，h_{at}的大小顺序表现为未衰退(0.28)＜轻度衰退（0.32）＜中度衰退（0.49）＜重度衰退(0.60)。而在上午9时和下午17时，不同衰退等级沙冬青灌丛植被蒸腾系数间的差异最小。26日不同衰退等级沙冬青灌丛日均植被蒸腾系数表现为未衰退＜轻度衰退＜中度衰退＜重度衰退，其均值分别为0.486、0.528、0.616和0.670。经差异性分析表明，未衰退与轻度衰退沙冬青灌丛的植被蒸腾系数差异性不显著（$P>0.05$），而轻度衰退和中度衰退沙冬青灌丛的植被蒸腾系数差异性达到了显著水平（P < 0.05）。

从图4－7B可以看出，次日沙冬青灌丛植被蒸腾量增加，表现为灌丛植被蒸腾系数较26日整体有所降低。不同衰退等级沙冬青灌丛植被蒸腾系数表现出来的日动态变化规律与26日一致，均在午时13点达到最低值。27日不同衰退等级沙冬青灌丛日均植被蒸腾系数表现为未衰退（0.424）<轻度衰退（0.478）<中度衰退（0.590）<重度衰退（0.650）。经差异性分析表明，未衰退与轻度衰退沙冬青灌丛的植被蒸腾系数差异性不显著（P > 0.05），而轻度衰退与中度衰退、重度衰退的植被蒸腾系数分别达到显著水平（P < 0.05）和极显著水平（P < 0.01）。

4.1.4 不同衰退等级的沙冬青灌丛叶片蒸腾速率的变化

蒸腾作用能够降低植株叶片的表面温度。一般情况下，植物蒸腾作用越强，植物叶片表面温度也就越低；植物蒸腾作用越弱，植物叶片表面温度也相对较高。图4－8A和图4－8B分别是在9月26日和27日测定的不同衰退等级沙冬青灌丛叶片不同时刻的叶片蒸腾速率 T_r。

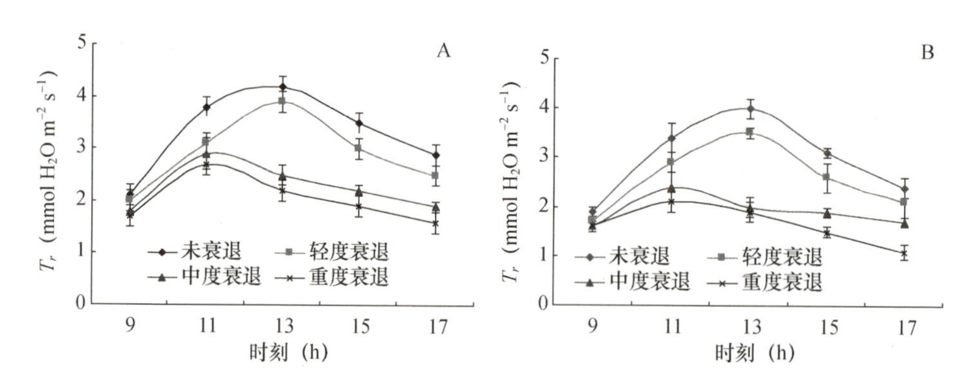

图4－8 不同衰退等级沙冬青灌丛叶片蒸腾速率变化曲线

（A、B分别代表9月26日和27日）

如图4－8A所示，不同衰退等级的沙冬青灌丛叶片蒸腾速率 T_r 日变化为“单峰”曲线，且总体表现为未衰退＞轻度衰退＞中度衰退＞重度衰退，但在上午9时，不同衰退等级沙冬青叶片的蒸腾速率间差异性不显著（$P<0.05$）。未衰退和轻度衰退沙冬青灌丛植株的蒸腾速率在下午13时前后达到最大值，分别约为4.2mmol $H_2O/(m^2 \cdot s)$、3.9mmol $H_2O/(m^2 \cdot s)$，而中度衰退和重度衰退沙冬青灌丛叶片蒸腾速率在上午11时达到峰值，其值分别为2.9mmol $H_2O/(m^2 \cdot s)$ 和2.7mmol $H_2O/(m^2 \cdot s)$。在上午11时，未衰退沙冬青灌丛叶片蒸腾速率显著高于轻度衰退、中度衰退和重度衰退沙冬青灌丛叶片蒸腾速率（$P<0.05$），而轻度衰退、中度衰退和重度衰退沙冬青灌丛叶片蒸腾速率之间差异不显著（$P>0.05$）。从上午11时以后，未衰退和轻度衰退沙冬青灌丛叶片蒸腾速率之间差异不显著（$P>0.05$），却显著高于中度衰退和重度衰退沙冬青灌丛叶片蒸腾速率（$P<0.05$）。26日，未衰退、轻度衰退、中度衰退和重度衰退沙冬青植物叶片日均蒸腾速率分别为3.3mmol $H_2O/(m^2 \cdot s)$、2.9mmol $H_2O/(m^2 \cdot s)$、2.26mmol $H_2O/(m^2 \cdot s)$ 和2.02mmol $H_2O/(m^2 \cdot s)$。

如图4－8B所示，在上午9时，不同衰退等级沙冬青叶片的蒸腾速率之间差异性不显著（$P<0.05$）。未衰退和轻度衰退沙冬青灌丛叶片蒸腾速率在上午9时以后显著高于中度衰退和重度衰退沙冬青灌丛叶片蒸腾速率。未衰退和轻度衰退沙冬青灌丛叶片蒸腾速率均在下午13时达到峰值，其蒸腾速率分别为4.0mmol $H_2O/(m^2 \cdot s)$ 和3.5mmol $H_2O/(m^2 \cdot s)$，而中度衰退和重度衰退沙冬青灌丛叶片蒸腾速率均在上午11时达到峰值，其蒸腾速率分别为2.4mmol $H_2O/(m^2 \cdot s)$ 和2.1mmol $H_2O/(m^2 \cdot s)$。27日，未衰退、轻度衰退、中度衰退、重度衰退沙冬青灌丛叶片日均蒸腾速率分别为2.96mmol $H_2O/(m^2 \cdot s)$、2.56mmol $H_2O/$

$(m^2 \cdot s)$、1.92mmol $H_2O/(m^2 \cdot s)$ 和1.64mmol $H_2O/(m^2 \cdot s)$。

4.1.5　不同衰退等级的沙冬青灌丛叶片气孔导度的变化

气孔限制是引起光合速率下降的主要因素之一。植物叶片气孔导度越强，叶片光合速率越大；植物叶片气孔导度越弱，叶片光合速率越小。

如图4-9A所示，不同衰退等级沙冬青灌丛叶片气孔导度 G_s 的日变化呈现"单峰"曲线特征，且表现为未衰退>轻度衰退>中度衰退>重度衰退，均在上午11时达到峰值，分别为0.168mol $H_2O/(m^2 \cdot s)$、0.148mol $H_2O/(m^2 \cdot s)$、0.128mol $H_2O/(m^2 \cdot s)$ 和0.082mol $H_2O/(m^2 \cdot s)$。在上午9时，不同衰退等级沙冬青灌丛叶片气孔导度之间差异不显著（$P>0.05$）。在上午9时以后，重度衰退沙冬青灌丛叶片气孔导度显著低于其他衰退等级沙冬青灌丛叶片气孔导度。重度衰退沙冬青灌丛叶片气孔导度分别较未衰退、轻度衰退和重度衰退降低了51.19%、44.59%和35.94%。如图4-9B所示，在27日，除了重度衰退沙冬青灌丛叶片气孔导度的日动态变化呈现持续降低的趋势外，未衰退、轻度衰退和中度衰退沙冬青灌丛叶片气孔导度均呈现"单峰"曲线。同样，在上午9时，不同衰退等级沙冬青灌丛叶片气孔导度之间差异不显著（$P>0.05$）；在下午17时，未衰退和轻度衰退沙冬青灌丛叶片气孔导度之间差异不显著（$P>0.05$），却显著高于中度衰退和重度衰退沙冬青灌丛叶片气孔导度，而中度衰退和重度衰退沙冬青灌丛叶片气孔导度之间差异也不显著（$P>0.05$）。未衰退、轻度衰退、中度衰退、重度衰退沙冬青灌丛叶片平均气孔导度分别为0.142mol $H_2O/(m^2 \cdot s)$、0.126mol $H_2O/(m^2 \cdot s)$、0.102mol $H_2O/(m^2 \cdot s)$ 和0.070mol $H_2O/(m^2 \cdot s)$。

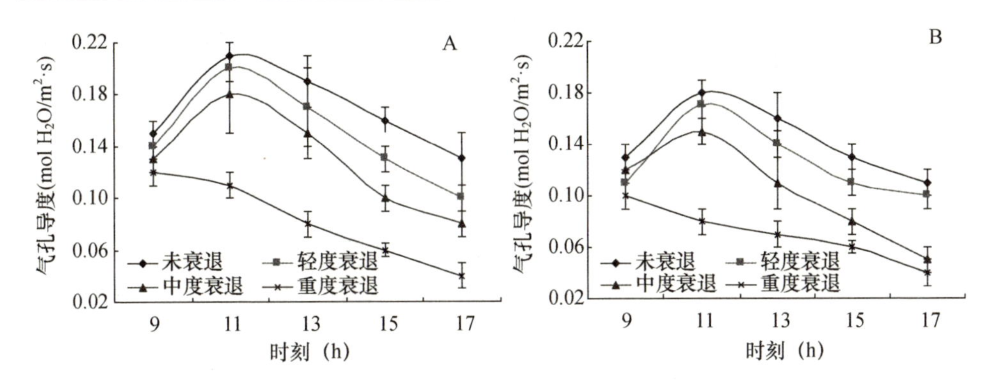

图4-9 不同衰退等级沙冬青灌丛叶片气孔导度变化曲线

（A、B分别代表9月26日和27日）

4.1.6 不同衰退等级的沙冬青灌丛叶片净光合速率的变化

植物生物量的累积实际上就是光合作用同化产物的增加，所以净光合速率的大小可以反映沙冬青灌丛叶片的生命活力和沙冬青的衰退程度。

如图4-10A所示，除了重度衰退沙冬青灌丛叶片净光合速率 P_n 呈现持续降低趋势外，未衰退、轻度衰退和中度衰退沙冬青灌丛叶片净光合速率均呈现“单峰”曲线特征，且净光合速率显著高于重度衰退沙冬青灌丛叶片净光合速率（$P<0.05$）。而未衰退和轻度衰退沙冬青灌丛叶片净光合速率在26日各时刻中差异均不显著（$P>0.05$），表明在轻度衰退条件下沙冬青灌丛叶片净光合速率受影响不明显，而在中度衰退以后沙冬青灌丛叶片净光合速率显著降低。未衰退、轻度衰退、中度衰退、重度衰退沙冬青灌丛叶片净光合速率分别为16.7μmol CO_2/（m^2 · s）、16.2μmol CO_2/（m^2 · s）、14.04μmol CO_2/（m^2 · s）和9.8μmol CO_2/（m^2 · s）。

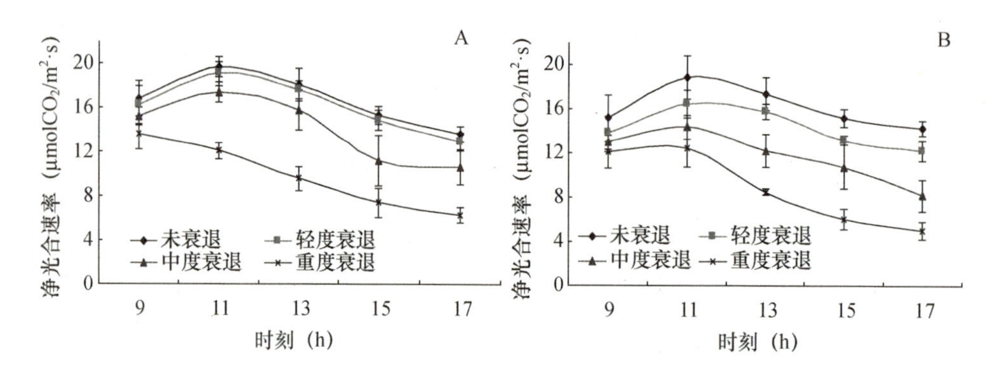

图4－10 不同衰退等级沙冬青灌丛叶片净光合速率变化

（A、B分别代表9月26日和27日）

从图4－10B可以看出，不同衰退等级沙冬青灌丛叶片净光合速率P_n在27日均呈现“单峰”曲线特征。在每一时刻叶片净光合速率均表现出未衰退＞轻度衰退＞中度衰退＞重度衰退，只是在上午9时，不同衰退等级沙冬青灌丛叶片净光合速率之间差异性不显著（P＞0.05）。27日，未衰退、轻度衰退、中度衰退、重度衰退沙冬青灌丛叶片平均净光合速率分别为16.20μmol CO_2/（m^2·s）、14.34μmol CO_2/（m^2·s）、11.76μmol CO_2/（m^2·s）和8.84μmol CO_2/（m^2·s）。

4.1.7 沙冬青蒸腾扩散系数h_{at}与光合参数P_n、G_s和T_r的相关分析及回归模型

将不同衰退等级的沙冬青蒸腾扩散系数h_{at}与叶片蒸腾速率（T_r）、气孔导度（G_s）、净光合速率（P_n）分别进行相关分析，建立并选择最优回归模型。

表4－4为h_{at}与T_r、G_s、P_n分别进行两变量相关分析的结果。由结果可知，相关系数均为$P<0.01$，差异极显著。结果表明，h_{at}变量

分别与 T_r、G_s、P_n 之间存在着极显著的负相关关系，即 h_{at} 均随 P_n、G_s 和 T_r 的增大而减小，具有较好的拟合值，表明 h_{at} 与 P_n、G_s 和 T_r 能同步反映出植物的生长状态。

表 4-4　不同株龄的沙冬青蒸腾扩散系数与光合参数的相关关系

不同衰退等级	光合参数		
	T_r	G_s	P_n
未衰退 h_{at}	-0.835**	-0.862**	-0.887**
轻度衰退 h_{at}	-0.868**	-0.770**	-0.712**
中度衰退 h_{at}	-0.827**	-0.779**	-0.864**
重度衰退 h_{at}	-0.859**	-0.802**	-0.795**

注：** 表示 0.01 极显著检验水平。

由表 4-5 可知，基于相关指数 R^2 最大、标准误最小及 $P<0.01$ 的原则，选择 h_{at} 与 T_r、G_s、P_n 的最优方程。不同株龄的植株，植被蒸腾扩散系数与其对应的光合参数之间，满足对数回归方程，即 $Y=a-b\ln x$。式中，Y 为光合参数 P_n、G_s 和 T_r；x 为植被蒸腾扩散系数 h_{at}；a、b 为常数。

表 4-5　不同衰退等级沙冬青光合参数（T_r、G_s、P_n）随蒸腾扩散系数（h_{at}）变化回归分析模型

不同衰退等级	模型方程	R^2	模型序号
未衰退	$T_r=1.153-2.095\ln(h_{at})$	0.801**	1
	$G_s=0.069-0.133\ln(h_{at})$	0.824**	2
	$P_n=6.846-9.526\ln(h_{at})$	0.811**	3
轻度衰退	$T_r=0.692-1.850\ln(h_{at})$	0.873**	4
	$G_s=0.156-2.554\ln(h_{at})$	0.774**	5
	$P_n=5.489-3.824\ln(h_{at})$	0.832**	6

续表

不同衰退等级	模型方程	R^2	模型序号
中度衰退	$T_r=3.488-2.150\ln(h_{at})$	0.780**	7
	$G_s=0.380-0.134\ln(h_{at})$	0.722**	8
	$P_n=8.356-1.466\ln(h_{at})$	0.680**	9
重度衰退	$T_r=5.820-1.325\ln(h_{at})$	0.823**	10
	$G_s=1.254-0.370\ln(h_{at})$	0.728**	11
	$P_n=3.557-12.190\ln(h_{at})$	0.803**	12

注：** 表示0.01极显著检验水平。

4.2 本章小结

同一天内，不同衰退程度的沙冬青植被蒸腾扩散系数总体表现为重度衰退>中度衰退>轻度衰退>未衰退。根据蒸腾扩散系数的日均值，将未衰退、轻度衰退、中度衰退和重度衰退沙冬青植株的衰退等级初步划分为<0.50、0.50~0.65、>0.65。

与h_{at}的日变化表现相反，不同衰退等级的沙冬青光合参数的日变化总体表现为未衰退>轻度衰退>中度衰退>重度衰退，即植被蒸腾扩散系数h_{at}值越高，P_n、G_s和T_r的值相应越低。

经过相关分析得出：未衰退、轻度衰退、中度衰退、重度衰退的沙冬青植被蒸腾扩散系数与叶片蒸腾速率（T_r）、气孔导度（G_s）、净光合速率（P_n）均成极显著的负相关关系，表明h_{at}与P_n、G_s和T_r能同步反映出植物的生长状态。h_{at}与光合参数的回归模型$Y=a-b\ln x$（式中，Y为光合参数P_n、G_s和T_r；x为植被蒸腾扩散系数h_{at}；a、b为常数）的建立，为进一步利用h_{at}诊断植物衰退程度提供了可靠依据。

5 不同生境沙冬青群落的根内生真菌群落研究

5.1 各生境沙冬青根内生真菌高通量测序结果

由表5－1可以看出，河边、山脚、路边、化工厂以及山坡这5个生境的沙冬青群落的有效序列及划分的OTU（97%的序列相似性）数量分别为13840（178）、15247（201）、11443（181）、15665（169）以及14115（174）。通过Alpha多样性分析，Chao1指数显示各生境沙冬青根内生真菌物种多样性由大到小依次为山脚＞山坡＞路边＞河边＞化工厂，测序所得OTU数量与预计所得OTU数量比值均超过60%，可以反映大部分的样品信息；香农多样性指数反映的各生境沙冬青群落根内生真菌物种丰富度由大到小依次为河边＞山坡＞化工厂＞山脚＞路边（见表5－1）。

各生境沙冬青根内生真菌OTU数量关系Venn图如图5－1所示，5个生境所有样品共获得431个真菌OTUs，这些生境沙冬青根内共有的真菌OTU有46个，占所有OTU总数的10.67%；河边、山脚、路边、化工厂以及山坡上沙冬青根内独有的OTU数量分别为45、57、32、

表 5－1　各生境根系样品的 OTU 丰度及 Alpha 多样性指数

生境	Sequence	Coverage（%）	OTU num	Chao1	Shannon
河边	13840	89.82	178	198.17	3.01
山脚	15247	64.58	201	311.25	2.66
路边	11443	78.98	181	229.17	2.48
化工厂	15665	93.24	169	181.25	2.74
山坡	14115	67.31	174	258.50	2.79

32 以及 55，分别占总 OTU 数量的 10.4%、13.2%、7.4%、7.4% 以及 12.7%，可见这 5 个生境沙冬青根内生真菌的群落结构差异很大。除 5 个生境共有的 46 个 OTU 外，两个生境沙冬青根内共有的真菌 OTU 数量以河边与路边共有的最多，达到 40 个；以河边与山坡共有的最少，仅有 16 个。其他每两个生境共有的 OTU 数量分别为 33 个（河边与山脚），29 个（河边与化工厂），35 个（路边与山坡），37 个（路边与化工厂），37 个（路边与山脚），37 个（化工厂与山脚），24 个（山坡与化工厂）。

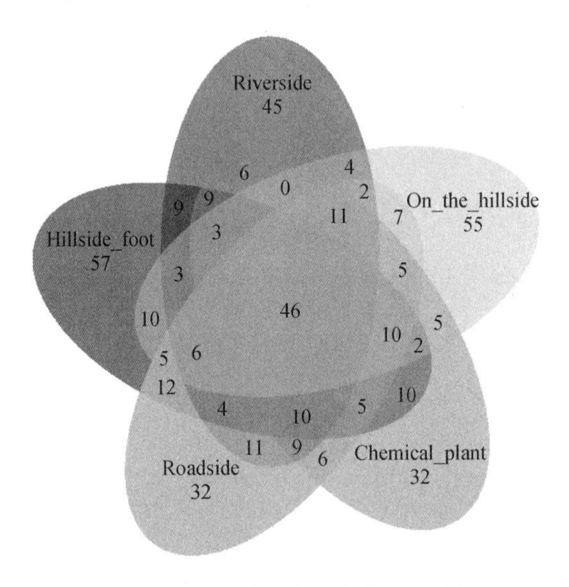

图 5－1　各生境沙冬青根内生真菌 OTU 的 Venn 图

5.2 各生境沙冬青群落根内生真菌群落结构分析

从5个生境所有沙冬青根内总的真菌物种分类情况来看，它们分布于3个门：Basidiomycota门真菌所占比例最高（53.21%），其次是Ascomycota门真菌（37.07%），Zygomycota门真菌所占比例最小（0.11%）；14个纲：Basidiomycota门的伞菌纲Agaricomycetes所占比例最高（43.81%），其余的占比≥1.00%的纲有粪壳菌纲Sordariomycetes（16.10%）、座囊菌纲Dothideomycetes（15.07%）、银耳纲Tremell omycetes（9.18%）、盘菌纲Pezizomycetes（2.85%）和散囊菌纲Eurotiomycetes（2.20%）；36个目；57个科；97个属。

从门水平上的相对丰度堆积图可以看出，5个生境的沙冬青群落根内都有Basidiomycota门和Ascomycota门真菌，Zygomycota门真菌只出现在山脚、路边和山坡上的沙冬青群落中且不占优势。在山脚、化工厂和山坡上的样品中Basidiomycota门占绝对优势，河边样品中Ascomycota门真菌占绝对优势，路边样品中Ascomycota门和Basidiomycota门真菌所占比例相差不大（见图5-2）。

各生境沙冬青群落根内生真菌在科水平上的Top10 OTU总和占比均超过各样品OTU总数的96.00%。从Top10相对丰度堆积图（图5-3）可以看出，河边的沙冬青根内Top10真菌科相对丰度由高到低依次为丛赤壳科Nectriaceae、黑星菌科Venturiaceae、Herpotrichiellaceae、革菌科Thelephoraceae、小球腔菌科Leptosph aeriaceae、口蘑科

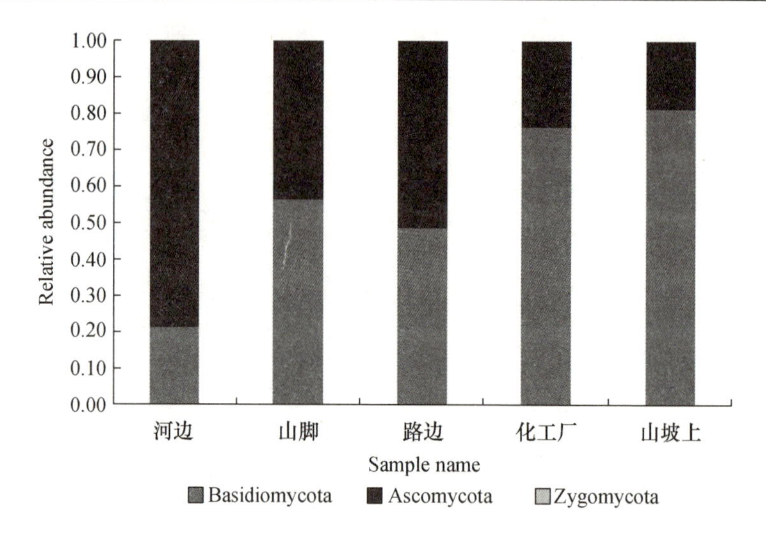

图5-2 5个生境沙冬青群落根内生真菌门水平上的相对丰度

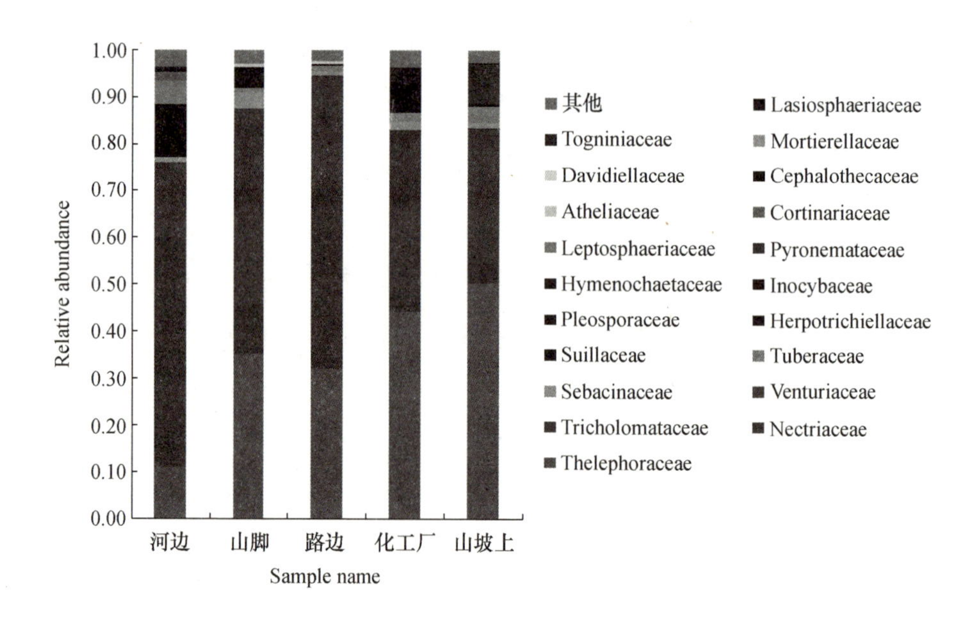

图5-3 各生境沙冬青根内生真菌 Top10 科的相对丰度堆积图

Tricholomataceae、丝膜菌科 Cortinariaceae、蜡壳耳科 Sebacinaceae、黄丝菌科 Cephalothecaceae 和 Togniniaceae；山脚的沙冬青根内生真菌科

相对丰度由高到低依次为 Thelephoraceae、Venturiaceae、Tricholomataceae、Nectriaceae、Sebacinaceae、格孢腔菌科 Pleosporaceae、丝盖菌科 Inocybaceae、块菌科 Tuberaceae、乳牛肝菌科 Suillaceae 和阿太菌科 Atheliaceae；路边的沙冬青根内生真菌科相对丰度由高到低依次为 Nectriaceae、Thelephoraceae、Tricholomataceae、Venturiaceae、Sebacinaceae、Tuberaceae、被孢霉科 Mortierellaceae、Davidiellaceae、Inocybaceae 和 Suillaceae；化工厂的沙冬青根内生真菌科相对丰度由高到低依次为 Thelephoraceae、Tricholomataceae、Venturiaceae、Nectriaceae、Herpotrichiellaceae、Sebacinaceae、Pleosporaceae、Tuberaceae、Suillaceae 和 Menochaetaceae；山坡的沙冬青根内生真菌科相对丰度由高到低依次为 Thelephoraceae、Tricholomataceae、火丝菌科 Pyronemataceae、Nectriaceae、Tuberaceae、Sebacinaceae、Suillaceae、Venturiaceae、毛球壳科 Lasiosphaeriaceae 和锈革孔菌科 Hymenochaetaceae。从图 5 - 3 也可以看出，5 个生境沙冬青群落根内生真菌 Top10 科的共有科为 Thelephoraceae、Nectriaceae、Tricholomataceae、Venturiaceae 和 Sebacinaceae，这些共有科在各个样品中的占比分别达到 77.10%、90.93%、95.57%、84.92% 以及 84.70%，平均比例为 86.64%，方差 VAR = 0.0049。可见，各科真菌在各生境的沙冬青群落中的分布以及 OTU 的相对丰度差异较大，各个样品的群落结构差异显著。

将各生境所有样品的 OTU 按属水平进行归类，将同一属水平的所有 OTU 求总和，然后统计获得 Top10 属：镰刀菌属 *Fusarium*、口蘑属 *Tricholoma*、棉革菌属 *Tomentella*、*Platychora*、隐球菌属 *Cryptococcus*、蜡壳耳属 *Sebacina*、块菌属 *Tuber*、*Wilocoxina*、小球腔菌属 *Leptosphaeria*、丛赤壳属 *Nectria*。Top10 属 OTU 所占比例如图 5 - 4 所示。其余占比≥0.5% 的属有乳牛肝菌属 *Suillus*（0.72%）、壳格孢属 *Camaros-*

porium（0.70%）、*Naganishia*（0.61%）、链格孢属 *Alternaria*（0.56%）、丝盖菌属 *Inocybe*（0.54%），所有≥0.5%属 OTU 总和占所有 OTU 的 93.73%。

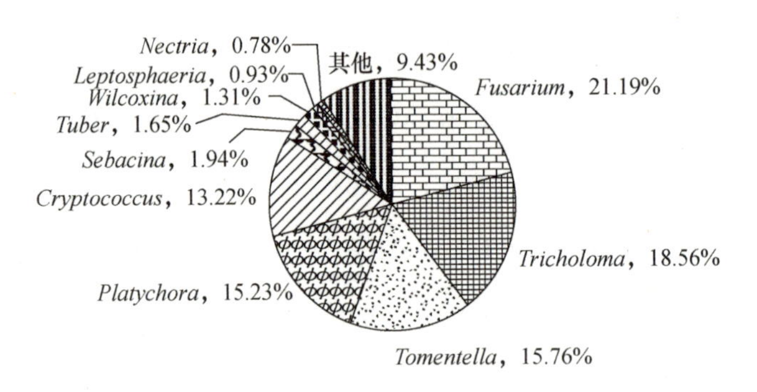

图 5-4 Top10 属 OTU 所占比例

各生境沙冬青群落根内生真菌在属水平上的 Top10 的 OTU 总和占比均超过各样品 OTU 总数的 90%。从 Top10 相对丰度堆积图（图 5-5）可以看出，河边的沙冬青根内生真菌的 Top10 属相对丰度由高到低依次为 *Fusarium*、*Platychora*、*Cryptococcus*、*Leptosphaeria*、*Tomentella*、*Tricholoma*、*Camarosporium*、丝膜菌属 *Cortinarius*、*Naganishia* 和 *Sebacina*；山脚的沙冬青根内生真菌的 Top10 属相对丰度由高到低依次为 *Platychora*、*Tomentella*、*Tricholoma*、*Fusarium*、*Sebacina*、格孢腔菌属 *Pleospora*、*Inocybe*、*Tuber*、茎点霉属 *Phoma*、*Suillus*；路边的沙冬青根内生真菌的 Top10 属相对丰度由高到低依次为 *Fusarium*、*Tomentella*、*Tricholoma*、*Platychora*、*Cryptococcus*、*Nectria*、支顶孢属 *Acremonium*、*Sebacina* 和 *Tuber*；化工厂的沙冬青根内生真菌的 Top10 属相对丰度由高到低依次为 *Cryptococcus*、*Tomentella*、*Tricholoma*、*Platychora*、*Fusarium*、*Sebacina*、*Tuber*、*Suillus*、*Alternaria* 和 *Naganishia*；山坡的沙冬青

根内生真菌的 Top10 属相对丰度由高到低依次为 *Tricholoma*、*Tomentella*、*Wilocoxina*、*Fusarium*、*Tuber*、*Sebacina*、*Cryptococcus*、*Ilyonectria* 和 *Suillus*。从图 5-5 也可以看出，5 个生境沙冬青群落根内生真菌 Top10 属的共有属为 *Tomentella*、*Tricholoma*、*Fusarium* 和 *Sebacina*。这 4 个共有属在各生境沙冬青根内真菌所占比例及排名如表 5-2 所示。可见，各属真菌在各生境的沙冬青群落中的分布以及 OTU 的相对丰度差异很大，各个样品的群落结构不尽相同。

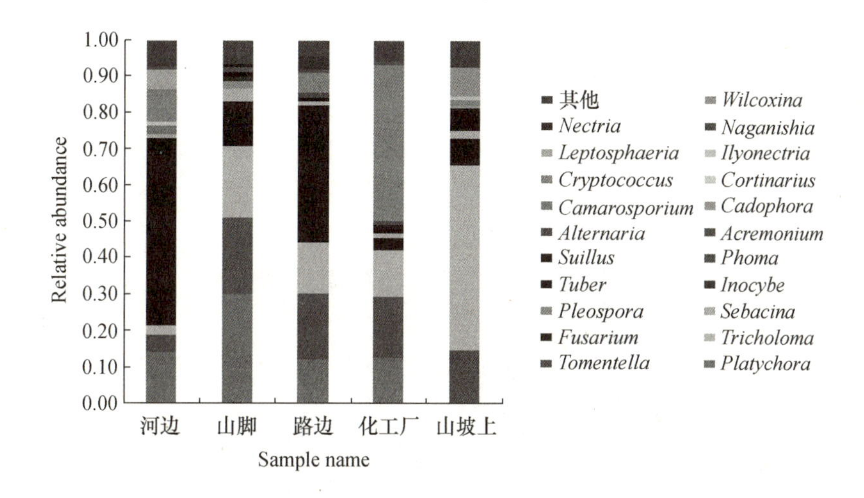

图 5-5　5 个生境沙冬青群落根内生真菌属水平上 Top10 的相对丰度

表 5-2　各生境共有的 Top10 属在各生境中的占比及排名

Genera	河边		山脚		路边		化工厂		山坡上	
	Percentage (%)	Rank	Percentage (%)	Rank	Percentage (%)	Rank	Percentage (%)	Rank	Percentage (%)	Rank
Fusarium	51.59	1	12.38	4	37.64	1	3.44	5	7.31	4
Sebacina	1.02	9	3.76	5	1.10	8	1.29	6	2.16	6
Tomentella	4.68	5	21.17	2	18.22	2	16.85	2	14.62	2
Tricholoma	2.64	6	19.57	3	14.03	3	12.64	3	50.97	1
Total	59.94	—	56.89	—	70.99	—	34.22	—	75.07	—

5 个生境所有沙冬青根系样品 Top10 共包含 21 个属，对这 21 个属进行样品间的对比分析（见图 5－6），发现各个样品中相对丰度较高的属各不相同：*Naganishia*、*Suillus*、*Alternaria*、*Cryptococcus* 在化工厂沙冬青群落的根内分布最多；*Nectria* 和 *Acremonium* 在路边沙冬青群落的根内分布最多；*Leptosphaeria*、*Camarosporium*、*Cortinarius*、*Fusarium* 在河边沙冬青群落的根内分布最多；背芽突霉属 *Cadophora*、*Tricholoma*、*Tuber*、*Ilyonectria*、*Wilcoxina* 在山坡上沙冬青群落的根内分布最多；*Tomentella*、*Phoma*、*Platychora*、*Inocybe*、*Pleospora*、*Sebacina* 在山脚沙冬青群落的根内分布最多。

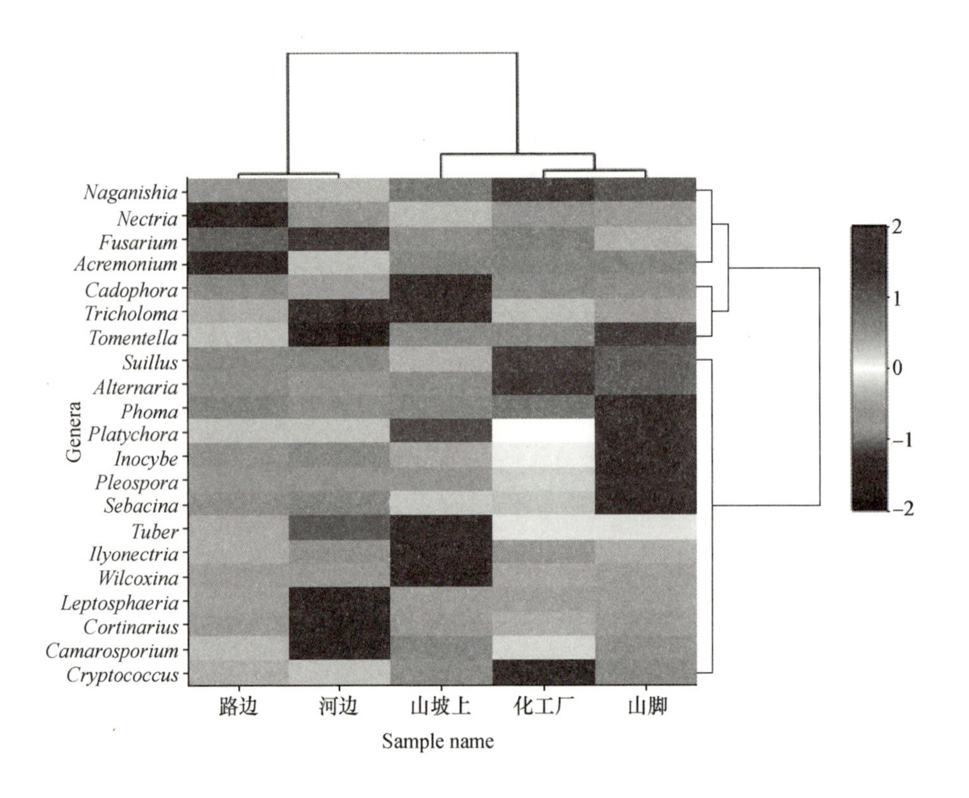

图 5－6　21 个属的聚类热图

从样品间的聚类（最大距离法）来看，化工厂和山脚沙冬青根内生真菌群落结构最相似，这两个生境又与山坡上的沙冬青根内生真菌的群落相似，路边和河边两个生境的沙冬青群落根内生真菌的群落结构较相似。

5.3 本章小结

不同生境沙冬青的根内生真菌群落结构在门、科、属水平上都有显著差异。

Tomentella、*Tricholoma*、*Fusarium* 和 *Sebacina* 属真菌在所有生境的沙冬青群落中都有分布。其中，*Fusarium* 是公认的根腐菌，而 *Tomentella*、*Tricholoma*、*Sebacina* 是共生菌根真菌。

在属水平上，化工厂和山脚沙冬青根内生真菌群落结构最相似，这两个生境又与山坡上的沙冬青根内生真菌的群落相似，路边和河边两个生境的沙冬青群落根内生真菌的群落结构较相似。

6 不同衰退等级的沙冬青群落根内生真菌群落研究

根据红外热成像技术将沙冬青群落划分为未衰退组（对照组）、轻度衰退组（Mild recession）、中度衰退组（Moderate recession）和重度衰退组（Severe recession）四个样区。

6.1 不同衰退等级沙冬青群落根内生真菌高通量测序结果

由表6-1可以看出，高通量测序获得未衰退、轻度衰退、中度衰退以及重度衰退的沙冬青群落根内生真菌的有效序列及划分的OTU（97%的序列相似性）数量分别为33458（147）、15733（81）、21719（120）、14855（76）。通过Alpha多样性分析，Chao1指数表明随衰退程度的增加，物种多样性总体呈先减少后增加再减少的趋势；获得的OTU数量占预计获得数量比例呈下降趋势；香农多样性指数表明随衰退程度的增加，物种丰富度呈下降的趋势。可见，沙冬青群落衰退在沙冬青根系内生真菌群落结构上不存在相对应的关系。

表6－1 不同衰退等级根系样品的OTU丰度及Alpha多样性指数

Sample name	Sequence	Coverage（%）	OTU num	Chao1	Shannon index
未衰退	33458	39.77	147	369.62	2.48
轻度衰退	15733	69.45	81	116.64	2.47
中度衰退	21719	28.15	120	426.25	2.25
重度衰退	14855	61.27	76	124.05	2.30

不同衰退等级沙冬青群落根系样品OTU数量关系Venn图如图6－1所示，4个衰退等级所有样品共获得215个真菌OTUs，所有衰退等级的沙冬青根内共有的真菌OTU有42个，占所有OTU总数的19.53%，未衰退、中度衰退、轻度衰退以及重度衰退沙冬青根内独有的OTU数量分别为58、12、31和12，分别占总OTU数量的39.5%、5.6%、14.4%和5.6%，可见这4个衰退等级的沙冬青根内生真菌的群落结构差异很大。除4个衰退等级共有的42个OTU外，不同衰退等级间沙冬青根内共有的OTU以未衰退和中度衰退的沙冬青群落最多，达到77个；以中度衰退和重度衰退的沙冬青群落共有的最少，为58个；其他衰退等级间共有的OTU分别为65个（未衰退和重度衰退的沙冬青群落），61个（未衰退和轻度衰退的沙冬青群落），60个（轻度衰退和中度衰退的沙冬青群落）。

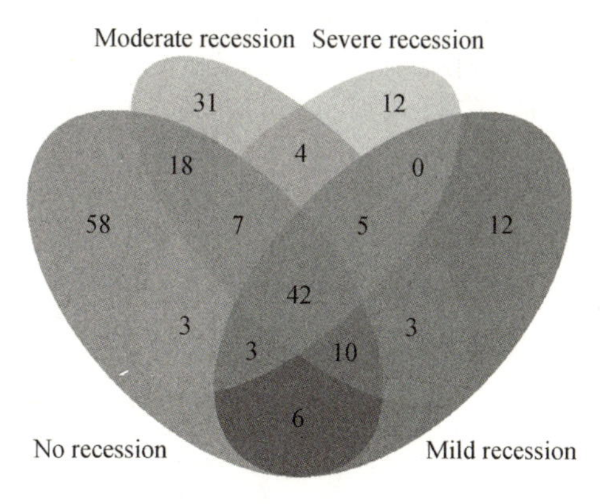

图6－1 不同衰退等级样品间根内生真菌OTU Venn图

6.2 不同衰退等级沙冬青根内生真菌群落结构分析

4 个不同衰退等级的沙冬青群落根内生真菌分布于 3 个门：Basidiomycota 门真菌所占比例最高（84.9%），其次是 Ascomycota 门真菌（14.89%），Zygomycota 门真菌所占比例最小（0.05%）；9 个纲：Basidiomycota 门的 Agaricomycetes 纲所占比例最高（84.42%），其余的占比≥1.00% 的纲有 Sordariomycetes（7.71%）、Pezizomycetes（3.37%）和 Eurotiomycetes（2.49%）纲；31 个目；47 个科；81 个属。

从门水平上的相对丰度堆积图（见图 6－2）上可以看出，所有衰退等级的样品中都有 Basidiomycota 门和 Ascomycota 门真菌。Zygomycota 门真菌只出现在中度衰退的样品，且所占比例非常小；Basidiomycota 门在每个样品中占比都超过 75%，占绝对优势。

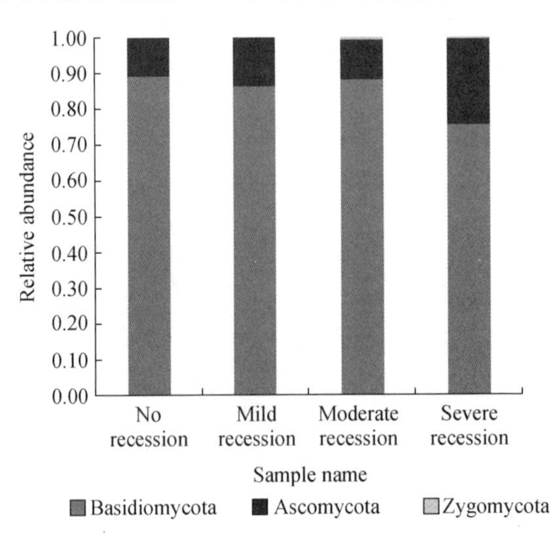

图 6－2 不同衰退等级沙冬青根内生真菌在门水平上的相对丰度

各衰退等级沙冬青群落根内生真菌在科水平上的 Top10 的 OTU 总和占比均超过各样品 OTU 总数的 97.00%。从各衰退等级沙冬青根内生真菌 Top10 科的相对丰度堆积图（见图 6-3）可以看出，未衰退沙冬青群落根内生真菌的 Top10 科相对丰度由高到低依次为 Hymenochaetaceae、Thelephoraceae、Agaricaceae、Inocybaceae、Tricholomataceae、Nectriaceae、Pyronemataceae、Tuberaceae、Sebacinaceae 和 Pleosporaceae；轻度衰退沙冬青群落根内生真菌的 Top10 科相对丰度由高到低依次为 Thelephoraceae、Agaricaceae、Inocybaceae、Tricholomataceae、Pyronemataceae、Nectriaceae、Atheliaceae、Hymenochaetaceae、Tuberaceae 和 Suillaceae；中度衰退的沙冬青群落根内生真菌的 Top10 科相对丰度由高到低依次为 Thelephoraceae、Hymenochaetaceae、伞菌科 Agaricaceae、Inocybaceae、Nectriaceae、发菌科 Trichocomaceae、Tricholomataceae、Pyronemataceae、Tuberaceae 和小囊菌科 Microascaceae；重度衰退沙冬青群落根内生真菌的 Top10 科相对丰度由高到低依次为 Thelephoraceae、Hymenochaetaceae、Nectriaceae、Agaricaceae、Inocybaceae、Trichocomaceae、Tricholomataceae、Pyronemataceae、Tuberaceae 和 Herpotrichiellaceae。从图 6-3 还可以看出，4 个衰退等级沙冬青群落根内生真菌 Top10 科的共有科为 Thelephoraceae、Hymenochaetaceae、Agaricaceae、Inocybaceae、Nectriaceae、Tricholomataceae、Pyronemataceae 和 Tuberaceae 8 个科。这 8 个共有科 OTU 占各衰退等级沙冬青所有 OTU 的比例分别为未衰退 96.15%、中度衰退 95.09%、轻度衰退 94.23%、重度衰退 92.83%。在科水平上，共有科 OTU 所占比例随衰退等级的加重有下降的趋势，平均所占比例为 94.58%，方差 Var = 0.0002。可见，不同衰退等级的沙冬青群落根内生真菌的群落结构差异很大。

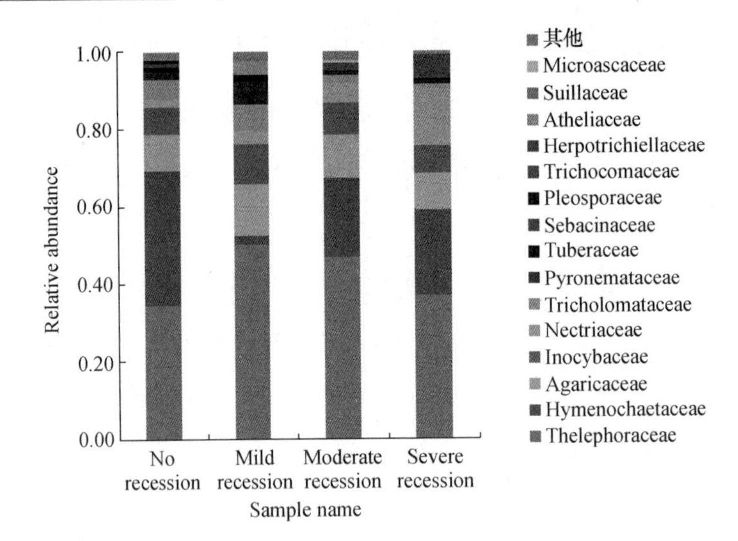

图6-3 各衰退等级沙冬青根内生真菌Top10科的相对丰度堆积图

将各衰退等级所有样品的OTU按属水平进行归类，将同一属水平的所有OTU求总和，然后统计获得Top10属：伞菌属*Agaricus*、*Inocybe*、*Fusarium*、*Tomentella*、*Tricholoma*、青霉属*Penicillium*、*Tuber*、*Amphinema*、*Sebacina*、*Ilyonectria*。各属OTU所占比例如图6-4所示。其余占比≥0.5%的属有*Platychora*（0.58%）、*Acremonium*（0.54%）、马拉色霉菌属*Malassezia*（0.54%）、卡普龙霉属*Capronia*（0.51%）、*Alternaria*（0.50%）属，所有≥0.5%属OTU总和占全部OTU总数的95.23%。

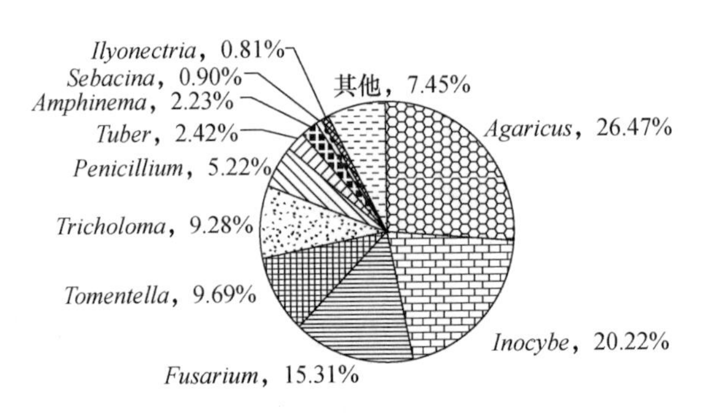

图6-4 Top10属OTU所占比例

各衰退等级沙冬青群落根内生真菌在属水平上Top10的OTU总和占比均超过各样品OTU总数的90%。从各衰退等级沙冬青根内生真菌Top10属的相对丰度堆积图（图6－5）可以看出，未衰退沙冬青群落根内生真菌的Top10属相对丰度由高到低依次为*Agaricus*、*Inocybe*、*Tricholoma*、*Tomentella*、*Fusarium*、*Tuber*、*Sebacina*、*Alternaria*、*Capronia*、*Ilyonectria*；轻度衰退沙冬青群落根内生真菌的Top10属相对丰度由高到低依次为*Agaricus*、*Inocybe*、*Tricholoma*、*Tomentella*、*Fusarium*、*Amphinema*、*Tuber*、*Suillus*、*Ilyonectria*、*Malassezia*；中度衰退的沙冬青群落根内生真菌的Top10属相对丰度由高到低依次为*Agaricus*、*Inocybe*、*Fusarium*、*Tomentella*、*Penicillium*、*Tricholoma*、*Cryptococcus*、*Tuber*、*Platychora*、*Kazachstania*；重度衰退沙冬青群落根生内真菌的Top10属相对丰度由高到低依次为*Fusarium*、*Agaricus*、*Inocybe*、*Penicillium*、*Tomentella*、*Tricholoma*、*Acremonium*、*Tuber*、*Ilyonectria*、

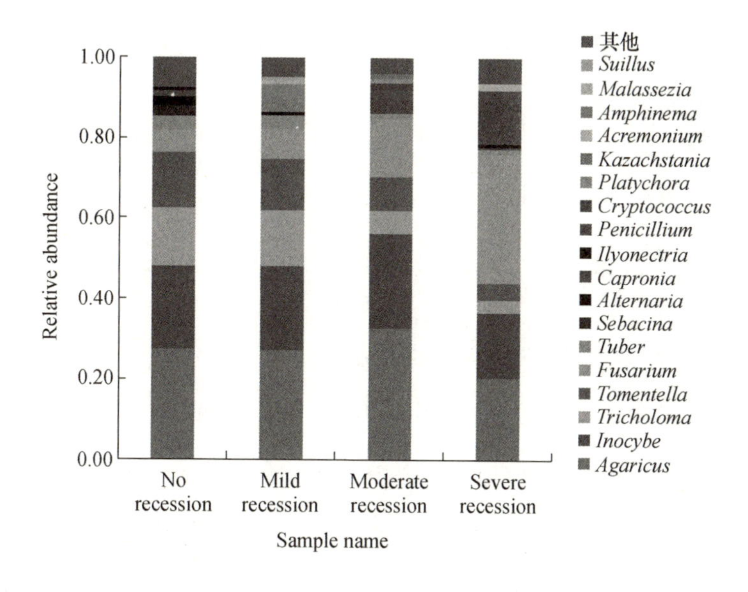

图6－5 各衰退等级沙冬青根内生真菌Top10属相对丰度

Capronia。从图 6 –5 还可以看出，4 个衰退等级沙冬青群落根内生真菌 Top10 属的共有属为 *Agaricus*、*Inocybe*、*Fusarium*、*Tomentella*、*Tricholoma* 和 *Tuber* 6 个属。这 6 个共有属 OTU 占各衰退等级所有 OTU 的比例分别为 84. 68% （未衰退）、85. 56% （轻度衰退）、83. 46% （中度衰退） 和 79. 80% （重度衰退），所占比例接近或超过 80%。这 6 个共有属 OTU 随着衰退等级的提高有降低的趋势。这 6 个共有属在各衰退等级沙冬青根内生真菌中所占比例及排名如表 6 –2 所示。可见，不同衰退等级的沙冬青群落根内生真菌的群落结构差异显著。

表 6 –2 各衰退等级共有的 Top10 属在各衰退等级的沙冬青的排名及占比

Genera	No recession		Mild recession		Moderate recession		Severe recession	
	Percentage (%)	Rank	Percentage (%)	Rank	Percentage (%)	Rank	Percentage (%)	Rank
Agaricus	27. 04	1	26. 96	1	31. 68	1	21. 08	2
Fusarium	5. 43	5	7. 36	5	13. 99	3	33. 25	1
Inocybe	20. 70	2	21. 02	2	22. 84	2	16. 75	3
Tomentella	13. 65	4	12. 74	4	8. 03	4	4. 47	5
Tricholoma	14. 36	3	13. 94	3	5. 53	6	3. 10	6
Tuber	3. 50	6	3. 54	7	1. 39	8	1. 15	8
Total	84. 68	—	85. 56	—	83. 46	—	79. 80	—

4 个衰退等级所有沙冬青根系样品 Top10 共包含 18 个属，对这 18 个属进行样品间的对比分析（见图 6 –6），发现各个样品中相对丰度较高的属各不相同：*Sebacina*、*Alternaria*、*Capronia* 在未衰退的沙冬青群落的根内分布最多；*Malassezia*、*Agaricus*、*Inocybe*、*Amphinema*、*Suillus*、*Tuber*、*Tricholoma*、*Tomentella* 在轻度衰退的沙冬青群落的根内分布最多；*Platychora*、*Kazachstania*、*Cryptococcus* 在中度衰退的沙冬

青群落的根内分布最多；*Acremonium*、*Fusarium*、*Penicillium* 在重度衰退的沙冬青群落的根内分布最多；中度衰退沙冬青群落和轻度衰退沙冬青群落根内生真菌的群落结构相似，而重度衰退和未衰退的沙冬青根内生真菌的群落结构相似。

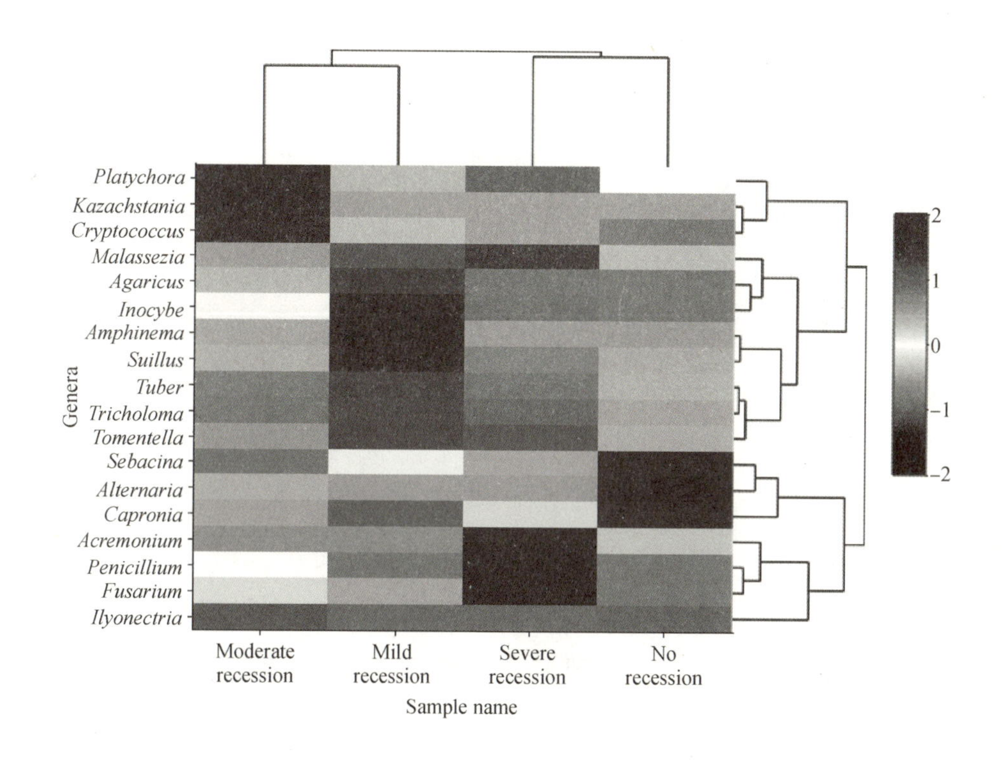

图 6－6　各衰退等级 Top10 属包含的 18 个属的聚类热图

如表 6－3 所示，检测的土壤理化指标有酸碱度（pH）、质量含水率（Mass moisture content，MC）、容重（Bulk density，BD）、速效氮（Available nitrogen，AN）、速效钾（Available potassium，AK）、速效磷（Available phosphorus，AP）和有机质（Organic matter，OM）。其中，土壤容重与有机质含量两个指标在样品间存在显著性差异。

表 6-3 各个衰退等级土壤的理化性质

样品名称	pH	质量含水率（MC）	容重（BD）	速效氮（AN）	速效钾（AK）	速效磷（AP）	有机质（OM）
未衰退	8.94±0.10	0.03±0.01	1.46±0.03[b]	28.45±8.07	97.43±32.61	4.70±1.87	1.95±0.12[c]
轻度衰退	9.07±0.15	0.03±0.02	1.59±0.05[a]	14.69±2.14	66.89±37.02	3.45±2.06	4.18±0.76[ab]
中度衰退	8.87±0.07	0.03±0.02	1.61±0.06[a]	19.59±7.71	92.12±55.96	3.58±2.24	3.42±0.53[b]
重度衰退	9.06±0.15	0.02±0.02	1.58±0.04[a]	19.36±3.05	62.90±42.97	3.09±1.81	4.67±0.79[a]

注：每个指标值的右上角所示角标表示在 0.05 差异性水平下存在显著性差异。

对理化因子与所有根系样品 Top10 根内生真菌的 18 个属作 RDA 分析，第一轴可解释 71.67%，第二轴可解释 20.99%，总解释率为 92.66%，可以反映实际情况。影响按大小排序如下：OM > BD > AN > pH > AK > AP > MC，OM、BD、AN 和 pH 是产生主要作用的因子。实际上造成明显影响的属有 *Fusarium*、*Penicillium*、*Gibberella*、*Cortinarius*、*Alternaria*、*Cryptosporiopsis*、*Lactarius*、*Phoma*。在这 8 个属中，存在于所有样品中且对应的 OTU 占比较大（≥1.00%）的属有 *Fusarium*、*Penicillium*、*Gibberella*、*Mortierella* 属虽然也存在于所有样品中且对应的 OTU 占比较大，但是理化因子对其造成的影响却较小。如图 6-7 所示，OM 对 *Fusarium*、*Penicillium*、*Gibberella*、*Alternaria*、*Phoma* 具有正相关影响，对 *Cortinarius*、*Cryptosporiopsis*、*Lactarius* 具有负相关影响；BD 对 *Fusarium*、*Penicillium*、*Gibberella*、*Alternaria* 具有正相关影响，对 *Cryptosporiopsis*、*Lactarius* 具有负相关影响；AN 对 *Cortinarius*、*Cryptosporiopsis*、*Lactarius* 具有正相关影响，对 *Fusarium*、*Penicillium*、*Gibberella*、*Alternaria*、*Phoma* 具有负相关影响，与 OM 作用相反；pH 对 *Fusarium*、*Gibberella*、*Alternaria*、*Phoma* 具有正相关影响，对 *Penicillium*、*Cortinarius*、*Cryptosporiopsis*、*Lactarius* 具有负相关影响。

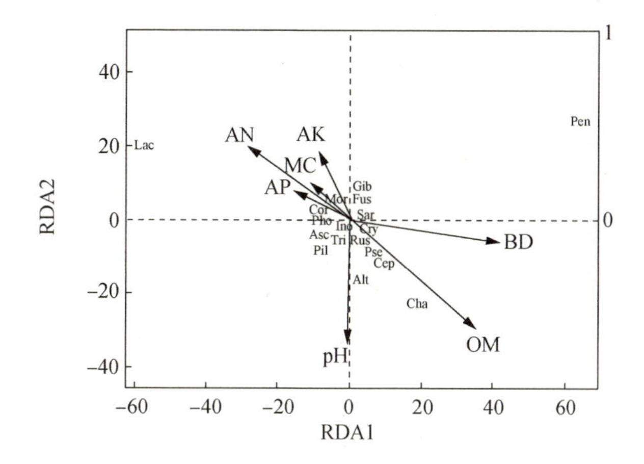

图 6－7　理化因子对所有衰退等级的沙冬青根内生真菌 Top10 属的影响

注：Fus：*Fusarium* 属；Pen：*Penicillium* 属；Gib：*Gibberella* 属；Mor：*Mortierella* 属；Cor：*Cortinarius* 属；Pse：*Pseudogymnoascus* 属；Sar：*Sarcopodium* 属；Ino：*Inocybe* 属；Rus：*Russula* 属；Pil：*Piloderma* 属；Alt：*Alternaria* 属；Asc：*Ascochyta* 属；Cep：*Cephalotrichum* 属；Cha：*Chaetomium* 属；Cry：*Cryptosporiopsis* 属；Lac：*Lactarius* 属；Pho：*Phoma* 属；Tri：*Trichoderma* 属。

6.3　本章小结

不同衰退等级的沙冬青根内生真菌群落结构在门、科、属水平上都有显著差异。

Agaricus、*Tomentella*、*Tricholoma*、*Fusarium*、*Inocybe* 和 *Tuber* 6 个属真菌在所有衰退等级的沙冬青群落中都有分布。

不同衰退等级的沙冬青根内都有腐生或寄生真菌和共生真菌分布，不同衰退等级沙冬青群落中两类群的真菌占比不同。其中，*Fusarium*

是根腐菌，而 *Tomentella*、*Tricholoma*、*Sebacina* 是共生菌根真菌。

腐生真菌或寄生真菌以及共生真菌在沙冬青根内的比例呈现出动态变化，随着衰退等级的增加，沙冬青根内腐生真菌或寄生真菌与共生真菌的比例显著增高，腐生真菌或寄生真菌的比例高于共生真菌比例就可能引起病害的发生，进而导致沙冬青群落的衰退。

7 不同衰退等级沙冬青群落根围土壤真菌群落研究

7.1 不同衰退等级沙冬青群落根围土壤真菌群落高通量测序结果

由表7－1可以看出，高通量测序获得未衰退（CK）、轻度衰退（Mi. R）、中度衰退（Mo. R）和重度衰退（Se. R）的沙冬青群落根围真菌的有效序列及划分的OTU（97%的序列相似性）数量分别为53660（742）、50770（751）、91061（838）、34978（783）。通过Alpha多样性分析，Chao1指数表明随衰退程度的增加，物种多样性总体呈上升趋势，但OTU数量占OTU总数的比例却呈下降趋势；香农多样性指数表明随衰退程度的增加，物种丰富度呈上升的趋势。综上所述，沙冬青群落衰退可能导致土壤中真菌物种的多样性和丰富度水平有所上升。

不同衰退等级沙冬青群落根围土壤样品OTU数量关系维恩图如图7－1所示，4个衰退等级所有样品共获得958个真菌OTUs，所有衰退等级的沙冬青根围共有的真菌OTU有448个，占OTU总数的46.76%；

表 7-1 各衰退等级沙冬青群落土壤根围真菌 OTU 丰度及 Alpha 多样性指数

Sample name	Sequence	OTU num	Chao1	Coverage (%)	Shannon index
CK	34978	783	1083.22	72.28	4.38
Mi. R	50770	751	736.44	92.06	3.65
Mo. R	53660	742	772.80	87.47	3.82
Se. R	91061	838	846.50	85.41	3.82

未衰退、轻度衰退、中度衰退以及重度衰退沙冬青根围土壤独有的真菌 OTU 数量分别为 44 个、24 个、22 个、56 个，分别占总 OTU 数量的 9.8%、5.3%、4.9%、12.5%。可见，这 4 个衰退等级的沙冬青根围真菌的群落结构差异很大。除 4 个衰退等级共有的 448 个 OTU 外，不同衰退等级间沙冬青根围共有的真菌 OTU 以未衰退和重度衰退共有的最多，为 176 个；轻度衰退和中度衰退共有的最少，为 67 个。其他衰退等级沙冬青群落间根围共有的真菌 OTU 分别如下：未衰退和轻度衰退共有的 OTU 为 145 个，未衰退和中度衰退的沙冬青群落共有的 OTU 为 121 个，中度衰退和重度衰退沙冬青群落共有的 OTU 为 115 个。

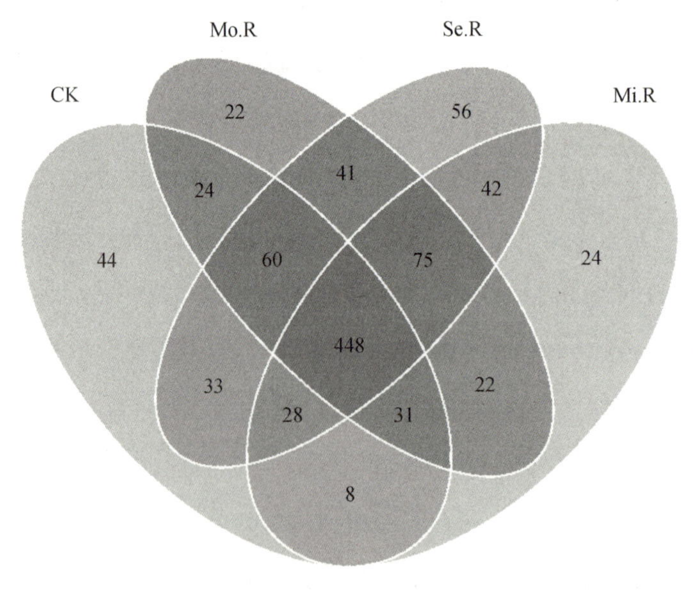

图 7-1 各衰退等级沙冬青群落土壤根围真菌 OTU 维恩图

7.2 不同衰退等级沙冬青群落根围土壤真菌群落结构分析

从门水平上的相对丰度堆积图（见图 7－2）上可以看出，4 个不同衰退等级的沙冬青群落的根围真菌分布于 3 个门，且在门水平上的占比都是一致的，从大到小依次为 Ascomycota、Basidiomycota、Zygomycota，其中 Ascomycota 门（86.37%）占明显优势。Ascomycota 门中的 Sordariomycetes 纲（58.46%）、Eurotiomycetes 纲（17.56%）和 Dothideomycetes 纲（8.43%），以及 Basidiomycota 门（11.73%）中仅有的 Agaricomycetes 纲占明显优势。

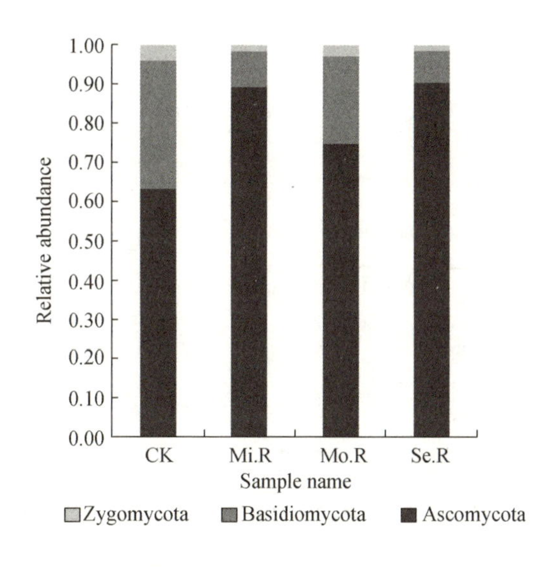

图 7－2　各衰退等级沙冬青根围土壤真菌门水平上的相对丰度

各衰退等级沙冬青群落根围土壤真菌在科水平上 Top10 的 OTU 总和占比均超过各样品 OTU 总数的 82.00%。从各衰退等级沙冬青根围土壤真菌 Top10 科的相对丰度堆积图（见图 7－3）可以看出，未衰退沙冬青群落根围土壤真菌 Top10 科相对丰度由高到低依次为 Nectriaceae、Russulaceae、Trichocomaceae、Pleosporaceae、Mortierellaceae、Tricholomataceae、皮盘菌科 Dermateaceae、Sebacinaceae、Atheliaceae 和 Hygrophoraceae；轻度衰退沙冬青群落根围土壤真菌 Top10 科相对丰度由高到低依次为 Nectriaceae、Trichocomaceae、Microascaceae、Pleosporaceae、Tricholomataceae、Mortierellaceae、Hygrophoraceae、Atheliaceae、Russulaceae 和 Pseudeurotiaceae；中度衰退的沙冬青群落根围土壤真菌 Top10 科相对丰度由高到低依次为 Nectriaceae、Trichocomaceae、Inocybaceae、Cortinariaceae、Mortierellaceae、Atheliaceae、红菇科 Russulaceae、Pseudeurotiaceae、Sebacinaceae 和蜡伞科 Hygrophoraceae；重度衰退沙冬青群落根围土壤真菌 Top10 科相对丰度由高到低依次为 Nectriaceae、Trichocomaceae、Pleosporaceae、Pseudeurotiaceae、毛壳科 Chaetomiaceae、Hygrophoraceae、Microa scaceae、Atheliaceae、Mortierellaceae 和 Russulaceae。从图 7－3 也可以看出，4 个衰退等级沙冬青群落根围土壤真菌 Top10 科的共有科为 Nectriaceae、Trichocomaceae、Russulaceae、Mortierellaceae、Atheliaceae 和 Hygrophoraceae 6 个科。这 6 个共有科 OTU 占各衰退等级所有 OTU 的比例分别为 69.47%（未衰退）、81.66%（轻度衰退）、78.44%（中度衰退）和 66.90%（重度衰退），平均所占比例为 74.12%，方差 Var = 0.0050。可见，不同衰退等级沙冬青群落根围土壤真菌的群落结构差异很大。

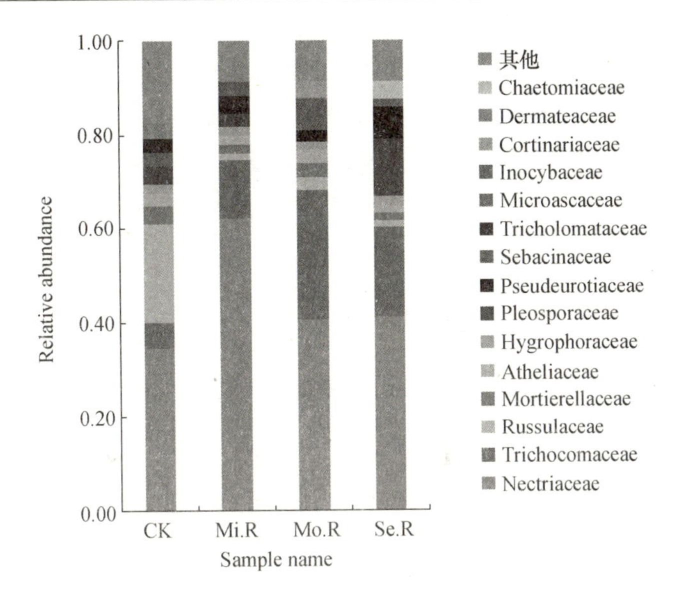

图7-3　各衰退等级沙冬青根围土壤真菌 Top10 科的相对丰度堆积图

将各衰退等级沙冬青群落根围土壤真菌所有样品的 OTU 按属水平进行归类，将同一属水平的所有 OTU 求总和，然后统计获得 Top10 属：*Fusarium*、*Penicillium*、赤霉菌属 *Gibberella*、乳菇属 *Lactarius*、*Alternaria*、假裸囊菌属 *Pseudogymnoascus*、被孢霉属 *Mortierella*、*Russula*、*Phoma*、*Piloderma*。各属 OTU 所占比例如图 7-4 所示，其余占比≥0.5%的属有 *Trichoderma*（1.48%）、*Cortinarius*（1.32%）、毛壳菌属 *Chaetomium*（1.29%）、头束霉属 *Cephalotrichum*（1.18%）、*Inocybe*（1.13%）、蜡伞属 *Hygrophorus*（1.07%）、壳二孢属 *Ascochyta*（1.03%）、炭疽属 *Cryptosporiopsis*（0.99%）、*Sarcopodium*（0.79%）、曲霉属 *Aspergillus*（0.72%）、鹅膏属 *Amanita*（0.61%）、中心孢霉属 *Mycocentrospora*（0.58%）、*Cryptococcus*（0.57%）、*Acremonium*（0.56%）。以上所列举属的 OTU 总和占所有 OTU 的 92.05%。

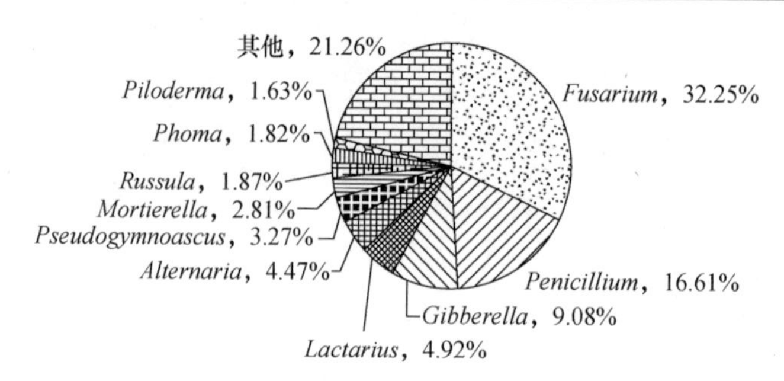

图7-4 各衰退等级沙冬青根围土壤真菌属水平上的Top10属OTU占比

各衰退等级沙冬青群落根围土壤真菌在属水平上Top10的OTU总和占比均超过各样品OTU总数的70%，在中度衰退和重度衰退沙冬青群落中占比超过85%。从各衰退等级沙冬青根围土壤真菌Top10属的相对丰度堆积图（见图7-5）可以看出，未衰退沙冬青群落根围土壤真菌Top10属相对丰度由高到低依次为*Fusarium*、*Lactarius*、*Gibberella*、*Penicillium*、*Mortierella*、*Alternaria*、*Cryptosporiopsis*、*Russula*、*Piloderma*、*Trichoderma*；轻度衰退沙冬青群落根围土壤真菌Top10属相对丰度由高到低依次为*Fusarium*、*Gibberella*、*Penicillium*、*Phoma*、*Alternaria*、*Mortierella*、*Ascochyta*、木霉菌*Trichoderma*、*Pseudogymnoascus*、*Cephalotrichum*；中度衰退的沙冬青群落根围土壤真菌Top10属相对丰度由高到低依次为*Fusarium*、*Penicillium*、*Gibberella*、*Mortierella*、*Cortinarius*、*Pseudogymnoascus*、*Sarcopodium*、*Inocybe*、*Russula*、*Piloderma*；重度衰退沙冬青群落根围土壤真菌Top10属相对丰度由高到低依次为*Fusarium*、*Penicillium*、*Alternaria*、*Gibberella*、*Pseudogymnoascus*、*Chaetomium*、*Phoma*、*Trichoderma*、*Mortierella*、*Cephalotrichum*。从图7-5还可以看出，4个衰退等级沙冬青群落根围土壤真菌Top10属的共有属为*Fusarium*、*Penicillium*、*Gibberella*、*Mortierella*、*Piloderma*、

Pseudogymnoascus、*Russula* 7 个属。这7个共有属 OTU 占各衰退等级所有 OTU 的比例分别为 48.81%（未衰退）、74.43%（轻度衰退）、78.58%（中度衰退）和 67.55%（重度衰退），所占比例差异很大。这7个共有属 OTU 在各衰退等级沙冬青群落的占比及排名如表 7－2 所示。可见，不同衰退等级的沙冬青群落根围土壤真菌的群落结构差异显著。

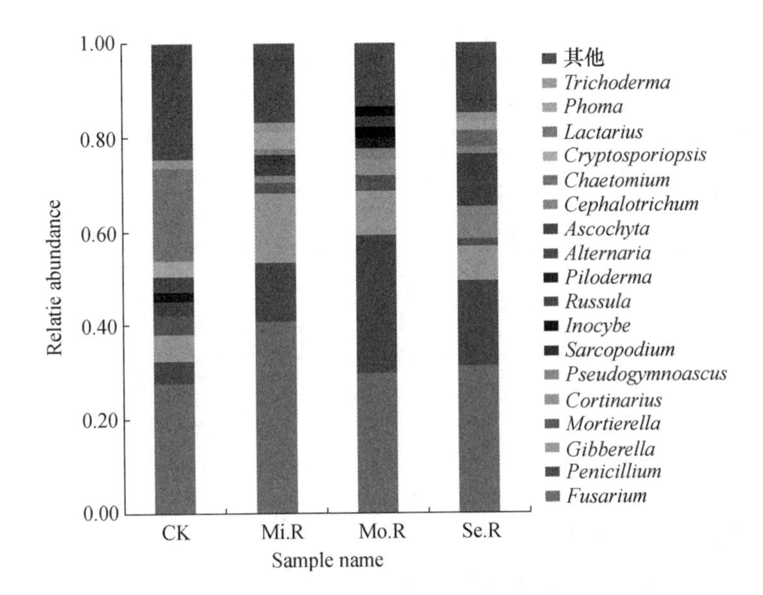

图 7－5　各衰退等级沙冬青土壤根围真菌 Top10 属相对丰度

表 7－2　各衰退等级共有的根围土壤真菌 Top10 属在各衰退等级沙冬青的占比及排名

Genera	CK		Mi. R		Mo. R		Se. R	
	Percentage (%)	Rank	Percentage (%)	Rank	Percentage (%)	Rank	Percentage (%)	Rank
Fusarium	27.80	1	40.74	1	29.83	1	31.31	1

续表

Genera	CK		Mi. R		Mo. R		Se. R	
	Percentage（%）	Rank	Percentage（%）	Rank	Percentage（%）	Rank	Percentage（%）	Rank
Gibberella	5.54	3	14.69	2	9.44	3	7.10	4
Mortierella	4.15	5	2.27	6	3.26	4	1.65	9
Penicillium	4.76	4	12.62	3	29.31	2	18.24	2
Piloderma	2.00	9	1.35	11	2.01	10	1.18	12
Pseudogymnoascus	1.66	12	1.47	9	2.49	6	7.00	5
Russula	2.92	8	1.29	13	2.23	9	1.06	13
Total	48.81	—	74.43	—	78.58	—	67.55	—

4 个衰退等级所有沙冬青根围土壤样品 Top10 共包含 18 个属，对这 18 个属进行样品间的对比分析（见图 7－6），发现各个样品中相对丰度较高的属各不相同：*Cryptococcus*、*Lactarius*、*Russula*、*Mortierella* 在未衰退沙冬青群落的根围土壤分布最多；*Phoma*、*Ascochyta*、*Fusarium*、*Gibberella* 在轻度衰退沙冬青群落的根围土壤分布最多；*Piloderma*、*Inocybe*、*Cortinarius*、*Sarcopodium*、*Penicillium* 在中度衰退沙冬青群落的根围土壤分布最多；*Pseudogymnoascus*、*Chaetomium*、*Alternaria*、*Cephalotrichum* 在重度衰退沙冬青群落的根围土壤分布最多；重度衰退和未衰退根围土壤真菌在群落结构上较相似，中度衰退和以上 2 个衰退等级根围土壤真菌群落结构较相似，轻度衰退和以上 3 个衰退等级沙冬青群落的根围土壤真菌群落差异较大。

如表 7－3 所示，检测的土壤理化指标有酸碱度（pH）、质量含水率（Mass moisture content，MC）、容重（Bulk density，BD）、速效氮（Available nitrogen，AN）、速效钾（Available potassium，AK）、速效磷（Available phosphorus，AP）和有机质（Organic matter，OM）。其中，土壤容重与有机质含量两个指标在样品间存在显著性差异。

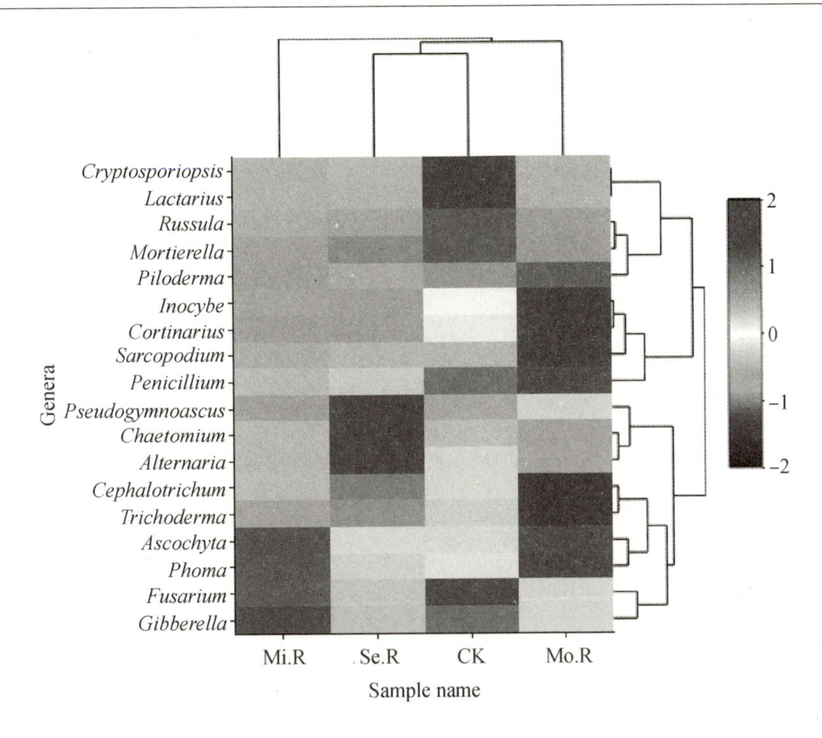

图 7-6 各衰退等级沙冬青土壤真菌 Top10 属包含的 18 个属的聚类热图

表 7-3 各个衰退等级土壤的理化性质统计

样品名称 Sample name	pH	质量含水率（MC）	容重（BD）	速效氮（AN）	速效钾（AK）	速效磷（AP）	有机质（OM）
未衰退	8.94 ±0.10	0.03 ±0.01	1.46 ±0.03[b]	28.45 ±8.07	97.43 ±32.61	4.70 ±1.87	1.95 ±0.12[c]
轻度衰退	9.07 ±0.15	0.03 ±0.02	1.59 ±0.05[a]	14.69 ±2.14	66.89 ±37.02	3.45 ±2.06	4.18 ±0.76[ab]
中度衰退	8.87 ±0.07	0.03 ±0.02	1.61 ±0.06[a]	19.59 ±7.71	92.12 ±55.96	3.58 ±2.24	3.42 ±0.53[b]
重度衰退	9.06 ±0.15	0.02 ±0.02	1.58 ±0.04[a]	19.36 ±3.05	62.90 ±42.97	3.09 ±1.81	4.67 ±0.79[a]

注：每个指标值的右上角所示角标表示在 0.05 差异性水平下存在显著性差异。

对理化因子与所有土壤样品 Top10 根围土壤真菌的 18 个属作 RDA 分析，结果第一轴可解释 73.33%，第二轴可解释 20.58%，总解释率为 93.91%，可以反映实际情况。影响按大小排序如下：OM > AN >

pH > BD > AK > AP > MC，OM、AN、pH 和 BD 是产生主要作用的因子。实际上造成明显影响的属有 *Agaricus*、*Inocybe*、*Tricholoma*、*Tomentella*、*Fusarium*、*Tuber*、*Penicillium*、*Amphinema*。在这 8 个属中，存在于所有样品中且对应的 OTU 占比较大（≥1.00%）的属有 *Agaricus*、*Inocybe*、*Tricholoma*、*Tomentella*、*Fusarium*、*Tuber*，可见理化因子对这 6 个属都造成了影响。如图 7－7 所示，OM 与 BD 具有协同作用，且对 *Agaricus*、*Inocybe*、*Fusarium*、*Penicillium*、*Amphinema* 具有正相关影响，对 *Tricholoma*、*Tomentella*、*Tuber* 具有负相关影响；pH 对这 8 个属均有正相关影响；AN 对这 8 个属均有负相关影响。

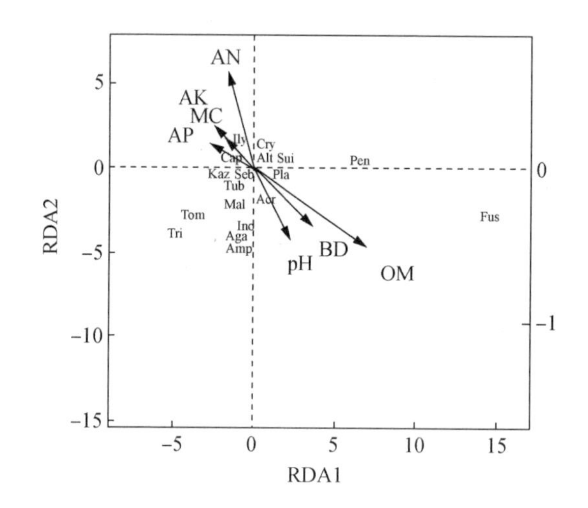

图 7－7 理化因子对所有衰退等级沙冬青土壤真菌 Top10 属的影响

注：Aga：*Agaricus* 属；Ino：*Inocybe* 属；Tri：*Tricholoma* 属；Tom：*Tomentella* 属；Fus：*Fusarium* 属；Tub：*Tuber* 属；Seb：*Sebacina* 属；Alt：*Alternaria* 属；Cap：*Capronia* 属；Ily：*Ilyonectria* 属；Pen：*Penicillium* 属；Cry：*Cryptococcus* 属；Pla：*Platychora* 属；Kaz：*Kazachstania* 属；Acr：*Acremonium* 属；Amp：*Amphinema* 属；Mal：*Malassezia* 属；Sui：*Suillus* 属。

7.3 本章小结

根围土壤真菌物种多样性随着衰退等级的增加呈现先减少后增加的趋势。

不同衰退等级的沙冬青根围土壤真菌群落结构在门、科和属水平上都有显著差异。

土壤中的真菌 Top10 属中的共生真菌类群较少，且占比较低。

有机质和土壤容重对不同衰退等级的沙冬青根围土壤真菌群落结构的影响很大，对大部分腐生或寄生真菌的影响成正相关。*Fusarium*、*Penicillium*、*Gibberella*、*Alternaria*、*Phoma* 的占比在衰退的沙冬青群落中明显增加，表明高有机质含量和高土壤容重有利于腐生或寄生真菌的生长。

8　沙冬青—霸王混合群落的根内生真菌群落研究

本试验划分为3个采样区：霸王单独群落、沙冬青—霸王混合群落以及沙冬青单独群落。

8.1　霸王单独群落、沙冬青—霸王混合群落以及沙冬青单独群落根内生真菌高通量测序结果

通过Alpha多样性分析（见表8-1），香农多样性指数表明各个样品的物种丰富度和多样性由大到小都呈现出混合群落中的霸王ZMC>沙冬青单独群落AC>混合群落中的沙冬青AMC>霸王单独群落ZC的趋势；但是Chao1指数呈现出略有不同的趋势：AC>ZMC>AMC>ZC；测序获得的OTU数量占预计获得数量的70%以上，说明测序结果很好地反映了样品的实际情况。

各群落根系样品获得的OTU数量关系维恩图如图8-1所示，所有群落共获得326种真菌OTUs，各土壤样品按霸王单独群落ZC、沙冬青—霸王混合群落的霸王ZMC、沙冬青—霸王混合群落的沙冬青AMC、

表8-1 各群落根内真菌的OTU丰度及Alpha多样性指数

Sample name	Taxon Tag	OTU num	Chao1	Coverage	Shannon
ZC	29822	118	133.67	88.28	1.75
ZMC	19418	204	233.08	87.52	3.50
AMC	19147	164	182.60	89.81	2.49
AC	10469	185	259.50	71.68	3.18

沙冬青单独群落AC的顺序（下同）获取的OTU数量分别为118个、204个、164个、185个，可见沙冬青—霸王混合群落中霸王的根内生真菌物种数量多于沙冬青的根内生真菌物种数量，沙冬青单独群落的根内生真菌物种数量多于霸王单独群落的根内生真菌物种数量。所有群落共有的根内生真菌OTU有45种，占所有OTU类型的13.80%。ZMC和AMC共有的根内生真菌OTU有113种，占各自OTU总数的55.3%和68.9%；ZC和ZMC共有的根内生真菌OTU有66种，占各自OTU总数的55.9%和32.3%；AC和AMC共有的根内生真菌OTU有103种，占各自OTU总数的55.6%和62.8%。

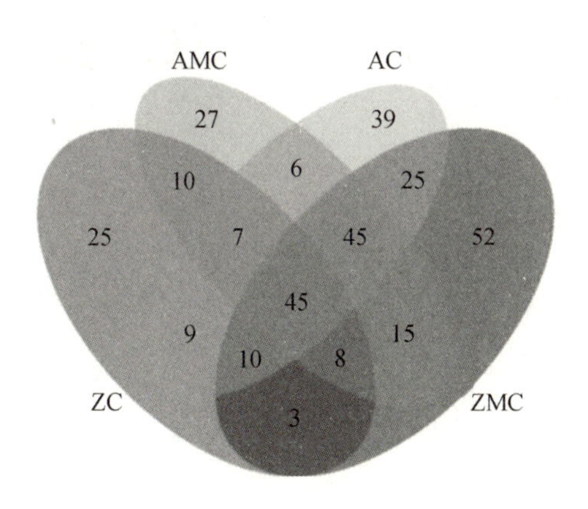

图8-1 各群落根内生真菌OTU的维恩图

8.2 霸王单独群落、沙冬青—霸王混合群落以及沙冬青单独群落根内生真菌群落结构分析

从门水平上的相对丰度堆积图（见图 8-2）可以看出，ZC、ZMC、AMC 及 AC 根内生真菌分布于 3 个门，且在门水平上的占比都是一致的，从大到小依次为 Basidiomycota、Ascomycota、Zygomycota，其中 Basidiomycota 门（69.39%）占明显优势；纲水平上分为 13 个，Basidiomycota 门的 Agaricomycetes 纲（66.93%）占绝对优势，其余的占比≥1.00% 的纲有 Pezizomycetes（9.79%）、Sordariomycetes（9.26%）、Dothideomycetes（8.41%）、Tremellomycetes（1.98%）和 Eurotiomycetes（1.41%）纲；目水平上分为 34 个；科水平上分为 55 个；属水平上分为 97 个。

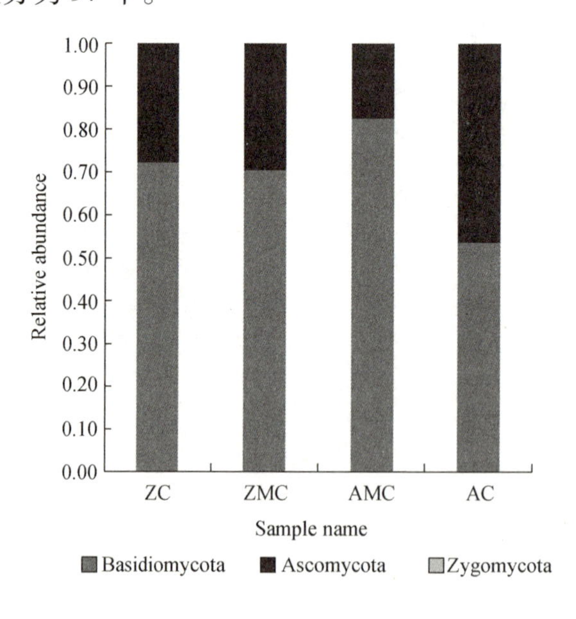

图 8-2 各群落根内生真菌门水平上的相对丰度

从图8－2还可以看出，所有样品中都有Ascomycota门、Basidiomycota门、Zygomycota门真菌，且在每个样品中的占比都为Basidiomycota > Ascomycota > Zygomycota。Basidiomycota门在每个样品中占比都超过50%，占绝对优势。

从沙冬青—霸王混合群落、沙冬青单独群落与霸王单独群落根内生真菌Top10科的相对丰度堆积图（见图8－3）可以看出，沙冬青单独群落（AC）根内生真菌Top10科相对丰度由高到低依次为Hymenochaetaceae、Nectriaceae、Thelephoraceae、Venturiaceae、Tuberaceae、Pyronemataceae、Tricholomataceae、Sebacinaceae、Trichocomaceae和Herpotrichiellaceae；沙冬青—霸王混合群落中的沙冬青（AMC）根内生真菌Top10科相对丰度由高到低依次为Hymenochaetaceae、Thelephoraceae、Tricholomataceae、Nectriaceae、Tuberaceae、Pyronemataceae、Sebacinaceae、荚孢腔菌科Sporormiaceae、Atheliaceae和Venturiaceae；沙冬青—霸王混合群落的霸王（ZMC）根内生真菌Top10科相对丰度

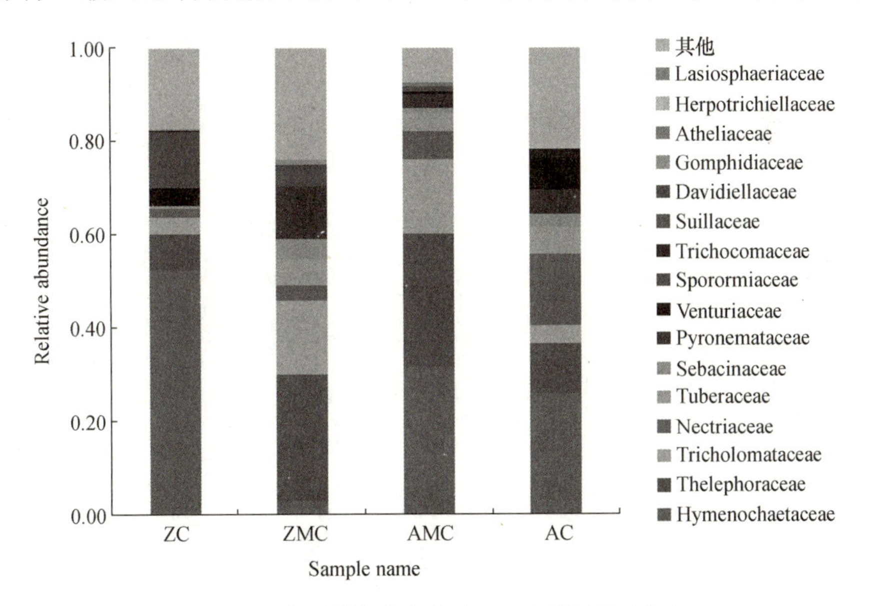

图8－3 各群落根内生真菌Top10科的相对丰度

由高到低依次为 Thelephoraceae、Tricholomataceae、Pyronemataceae、Tuberaceae、Sebacinaceae、Nectriaceae、Suillaceae、Hymenochaetaceae、Davidiellaceae 和铆钉菇科 Gomphidiaceae；霸王单独群落（ZC）根内生真菌 Top10 科相对丰度由高到低依次为 Hymenochaetaceae、Sporormiaceae、Thelephoraceae、Venturiaceae、Tricholomataceae、Nectriaceae、Tuberaceae、Lasiosphaeriaceae、Sebacinaceae 和 Trichocomaceae。

从图 8 - 3 还可以看出，AC、AMC、ZC 和 ZMC 根内生真菌 Top10 科的共有科为 Hymenochaetaceae、Thelephoraceae、Tricholomataceae、Nectriaceae、Tuberaceae 和 Sebacinaceae。这 6 个共有科 OTU 占沙冬青单独群落所有 OTU 的 65.66%，占沙冬青—霸王混合群落中沙冬青所有 OTU 的 44.90%，占沙冬青—霸王混合群落中霸王所有 OTU 的 71.07%，占霸王单独群落所有 OTU 的 58.14%。这 6 个共有科在 AC、AMC、ZC 和 ZMC 中所占比例平均为 87.46%，方差 Var = 0.0272。可见，AC、AMC、ZC 和 ZMC 的根内生真菌的群落结构差异很大。

将 AC、AMC、ZC 和 ZMC 所有样品的 OTU 按属水平进行归类，将同一属水平的所有 OTU 求总和，然后统计获得 Top10 属：*Tricholoma*、*Tomentella*、*Fusarium*、*Tuber*、光黑壳属 *Preussia*、*Platychora*、*Sebacina*、*Cryptococcus*、*Acremonium*、*Suillus*，各属 OTU 所占比例如图 8 - 4 所示，占比 ≥ 0.50% 的属还有 *Penicillium*（1.02%）、*Pustularia*（1.02%）、*Aporospora*（0.99%）、分支孢子菌属 *Cladosporium*（0.96%）、*Inocybe*（0.78%）、*Malassezia*（0.73%）、色钉菇属 *Chroogomphus*（0.69%）、*Amphinema*（0.66%）属。以上所列举属 OTU 占全部 OTU 的 92.63%。

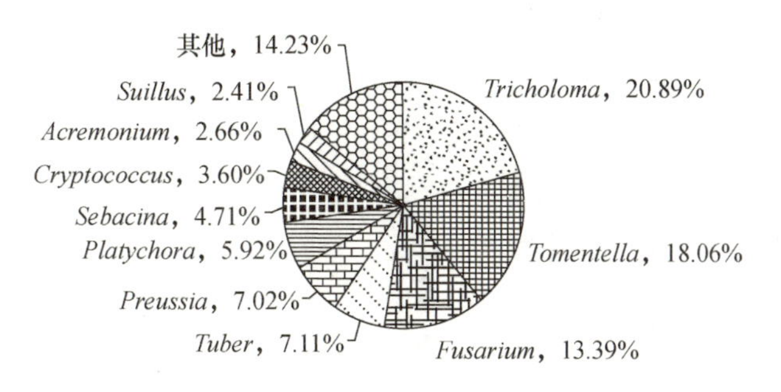

图 8－4 所有群落根内生真菌 Top10 属 OTU 所占比例

ZC、ZMC、AMC 和 AC 根内生真菌在属水平上 Top10 的 OTU 总和占比均超过各样品 OTU 总数的 80%，在 ZC 和 AMC 中占比超过 90%。从各群落根内生真菌 Top10 属的相对丰度堆积图（见图 8－5）可以看出，ZC 根内生真菌 Top10 属相对丰度由高到低依次为 *Preussia*、*Acremonium*、*Tomentella*、*Platychora*、*Tricholoma*、*Fusarium*、*Tuber*、*Zopfiella*、*Cryptococcus*、*Gibberella*；ZMC 根内生真菌 Top10 属相对丰度由高到低依次为 *Tricholoma*、*Tomentella*、*Sebacina*、*Tuber*、*Fusarium*、*Suillus*、*Pustularia*、*Cladosporium*、*Chroogomphus*、*Inocybe*；AC 根内生真菌 Top10 属相对丰度由高到低依次为 *Fusarium*、*Platychora*、*Cryptococcus*、*Tomentella*、*Tuber*、*Tricholoma*、*Sebacina*、*Aporospora*、*Penicillium*、*Pseudogymnoascus*；AMC 根内生真菌 Top10 属相对丰度由高到低依次为 *Tricholoma*、*Tomentella*、*Fusarium*、*Tuber*、*Sebacina*、*Preussia*、*Amphinema*、*Platychora*、*Cryptococcus*、*Suillus*。

从图 8－5 还可以看出，ZC、ZMC、AMC 和 AC 根内生真菌 Top10 属共有属为 *Tricholoma*、*Tomentella*、*Fusarium*。这 3 个共有属 OTU 在各群落所有 OTU 的占比及排名如表 8－2 所示。

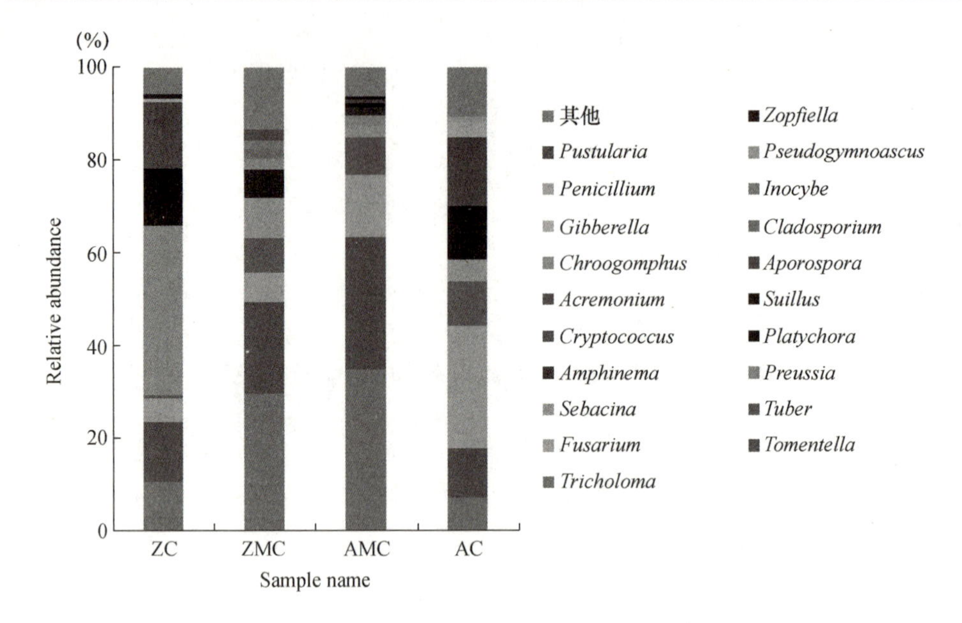

图 8-5 各群落 Top10 属的相对丰度

表 8-2 各群落共有的根内生真菌 Top10 属在各群落的占比及排名

Genera	ZC		ZMC		AMC		AC	
	Percentage (%)	Rank	Percentage (%)	Rank	Percentage (%)	Rank	Percentage (%)	Rank
Tomentella	12. 97	3	29. 36	1	34. 75	1	26. 40	1
Tricholoma	10. 38	5	19. 91	2	28. 70	2	10. 63	4
Fusarium	5. 00	6	6. 46	5	13. 19	3	7. 01	6
Total	28. 36	—	55. 74	—	76. 64	—	44. 04	—

4 个群落所有沙冬青根系样品 Top10 共包含 20 个属，对这 20 个属进行样品间的对比分析（见图 8-6），发现各个样品中相对丰度较高的属各不相同：*Acremonium*、*Preussia*、*Zopfiella*、*Gibberella* 在 ZC 根内分布最多；*Tricholoma*、*Chroogomphus*、*Pustularia*、*Suillus*、*Inocybe*、*Cladosporium* 在 ZMC 根内分布最多；*Fusarium*、*Pseudogymnoascus*、*Aporospora*、*Cryptococcus*、*Penicillium* 在 AC 根内分布最多；*Tomentella*

和 *Amphinema* 在 AMC 根内分布最多。从样品间的聚类情况来看，在根内生真菌群落组成上 ZMC 与 AMC 相近，AC 与 ZC 相近。

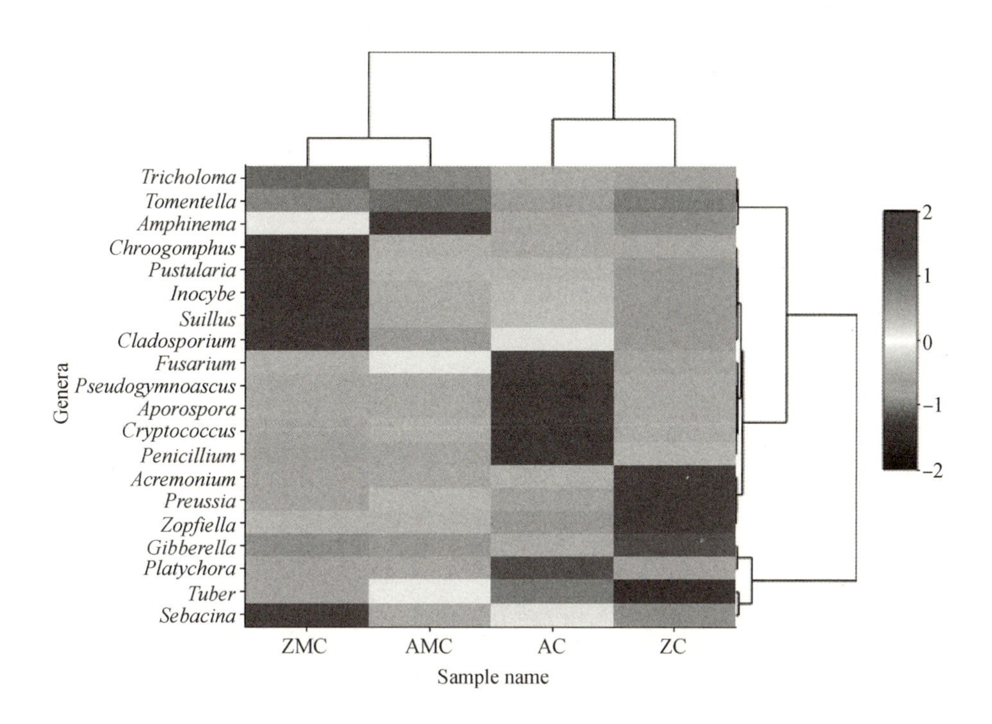

图 8－6 不同群落根内生真菌 Top10 属包含的 20 个属的聚类热图

8.3 本章小结

沙冬青—霸王混合群落、沙冬青单独群落以及霸王单独群落的沙冬青与霸王根内生真菌群落结构在科、属水平上都有极大差异。

沙冬青—霸王混合群落中沙冬青和霸王的根内生真菌 Top10 属中共生真菌类群种类明显增多，且共生真菌类群的占比明显增加，腐生或寄生真菌的类群占比减少。

在西鄂尔多斯保护区的沙冬青群落中往往能见到霸王，还可以从根内生真菌的群落结构进行解释：沙冬青—霸王混合群落中的沙冬青和霸王的根内生真菌的群落结构相似。

9 沙冬青根内生真菌分离培养与鉴定

9.1 沙冬青根内生真菌菌株及菌落形态特征观察

9.1.1 沙冬青根内生真菌菌株

经过分离并多次纯化共获得沙冬青根内生真菌菌株 6 个，分别编号为 SDQ1、SDQ3、SDQ5、SDQ6、SDQ7、SDQ8，如图 9－1 所示。

9.1.2 菌落形态特征观察

菌株生长 7 天时观察每个菌株的生长状况，并记录菌落的形态特

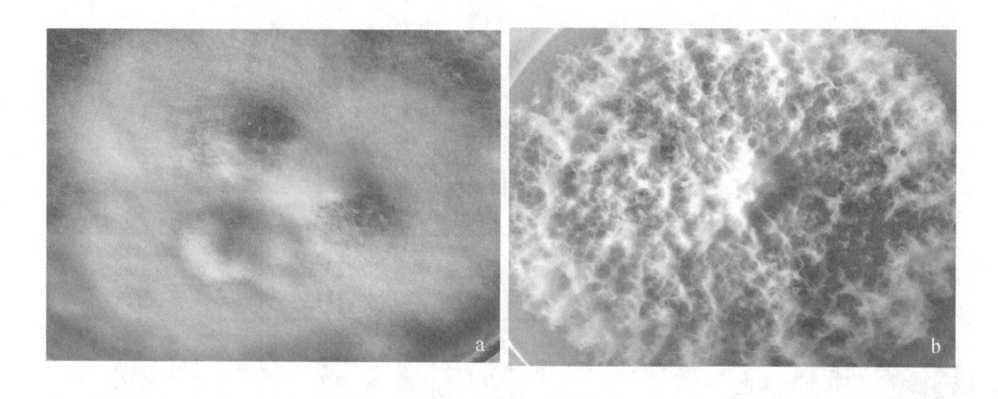

图 9－1 分离的沙冬青根内生真菌

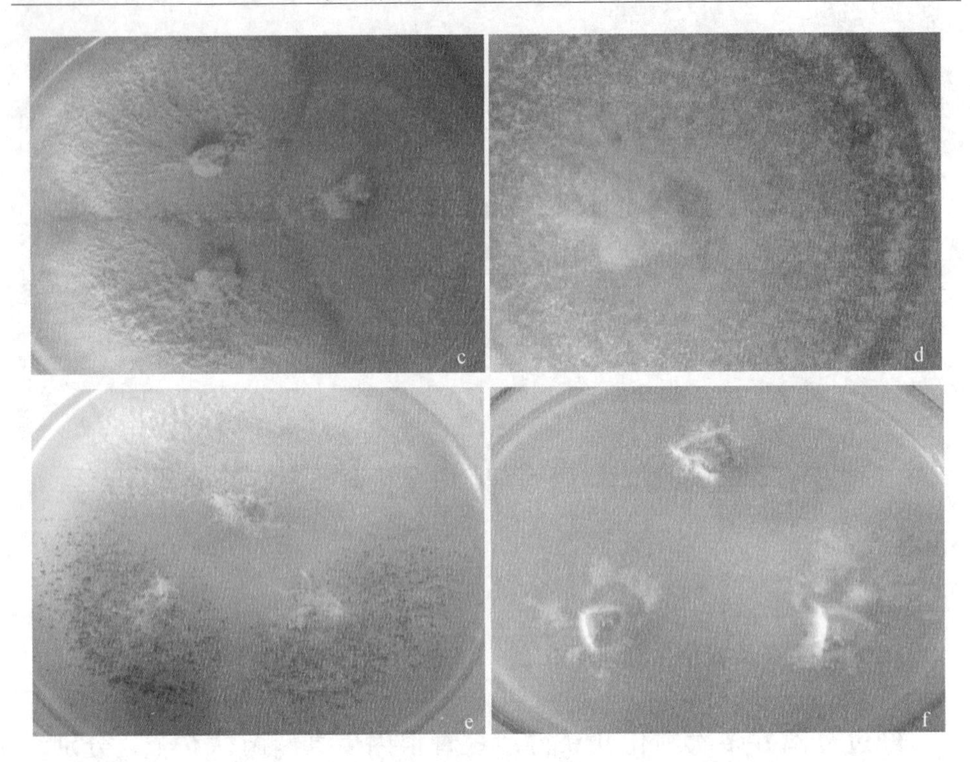

图9-1 分离的沙冬青根内生真菌（续图）

注：a：SDQ1；b：SDQ 3；c：SDQ 5；d：SDQ 6；e：SDQ 7；f：SDQ8。

征。6个菌株菌落形态特征如表9-1所示。

表9-1 沙冬青根内生真菌菌株形态特征

菌株编号	正面颜色	背面颜色	是否透明	分泌色素	气生菌丝
S1	白色	粉红色	否	粉红色	无
S3	白色	黄色致褐色	否	黄色	有，较短
S5	橘黄色	无色	否	粉色	有，较短
S6	白色	深黄色	否	浅棕色	有，较短
S7	浅白色	浅黄色	否	深棕色	有，长
S8	淡黄色	黄色	否	黄色	有

9.2　菌株的分子鉴定

在系统发育分析中，S1 菌株序列与 4 个已经定名的锐顶镰刀菌 Fusarium acuminatum 序列形成一个独立分支，且后验概率为99%，说明 S1 菌株就是 Fusarium acuminatum。S3 菌株的序列与 2 个 Clonostachys sp. 序列以及 1 个粉红粘帚霉 Clonostachysrosea 序列形成一个独立分支，但后验概率不高，仅为66%；这 4 个序列又与 2 个 Clonostachys sp. 序列以及 3 个 Clonostachysrosea 序列形成一个独立分支，且后验概率很高为 100%；Clonostachys sp. 与 Clonostachysrosea 都不能形成独立分支，因此不能将 S3 鉴定到种水平，但可以确定 S3 是 *Clonostachys* 属的一个种。S5 菌株序列与 4 个 Fusarium solani 序列以及 3 个 Fusarium sp. 形成一个独立分支，但后验概率较低，不能将 S5 鉴定到种，但可以确定其属于 *Fusarium* 属的一个种。S6 菌株的序列与 Fusarium neocosmosporiellum 形成一个独立分支且后验概率为96%，因此可以将 S6 鉴定为 Fusarium neocosmosporiellum。S7 菌株序列与 5 个尖孢镰刀菌 Fusarium oxysporum 序列形成一个独立分支，且后验概率高达99%。S8 的序列与 Uncultured Fusarium 形成独立分支，但不能将其鉴定到种。综上所述，这 6 个菌株中的 1 个可以鉴定到种、5 个只能鉴定到属，且这 6 个菌株隶属于粘帚霉属 *Clonostachys* 和 *Fusarium* 两个属；S3 属于 *Clonostachys*，而其他 5 个菌株属于 *Fusarium*，如图 9－2 所示。

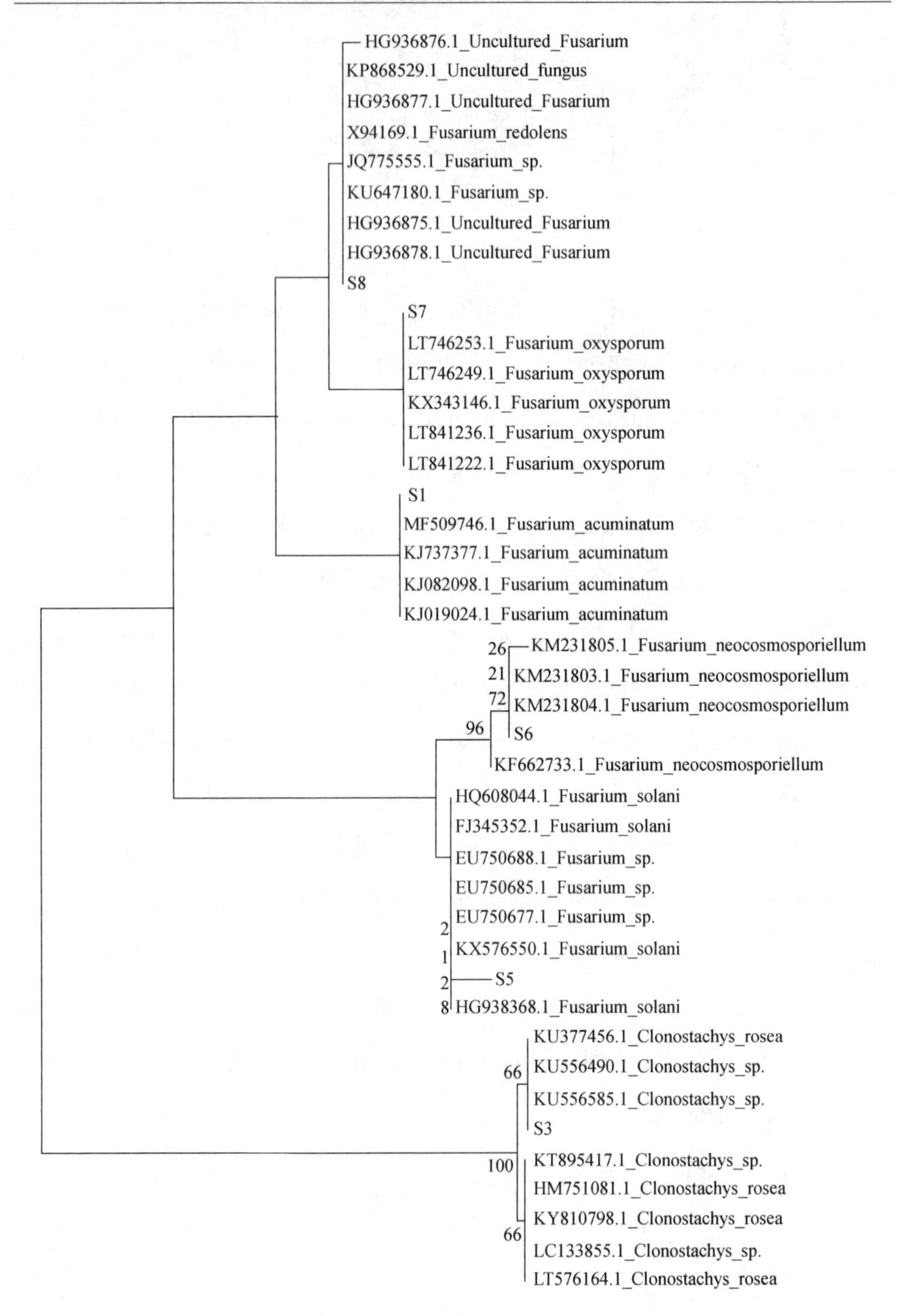

图9-2 6个菌株的系统发育分析

9.3 4个菌株回接实验

将培养的菌液在沙冬青幼苗长出侧根后进行接种（见图9－3）。4个不同菌株接种以后沙冬青幼苗生长正常，和对照相比没有异常。接种后60天，沙冬青幼苗没有发生猝倒等病害（见图9－4）。将沙冬青幼苗从培养杯中移出，洗掉蛭石后，观察到沙冬青幼苗的根系也没有损害（见图9－5）。进一步染色后在显微镜下观察是否有菌丝侵染到沙冬青根系，发现接种这4个菌株的所有沙冬青根系都有真菌侵染（见图9－6）。

图9－3 4个菌株液体培养

图9-3 4个菌株液体培养（续表）

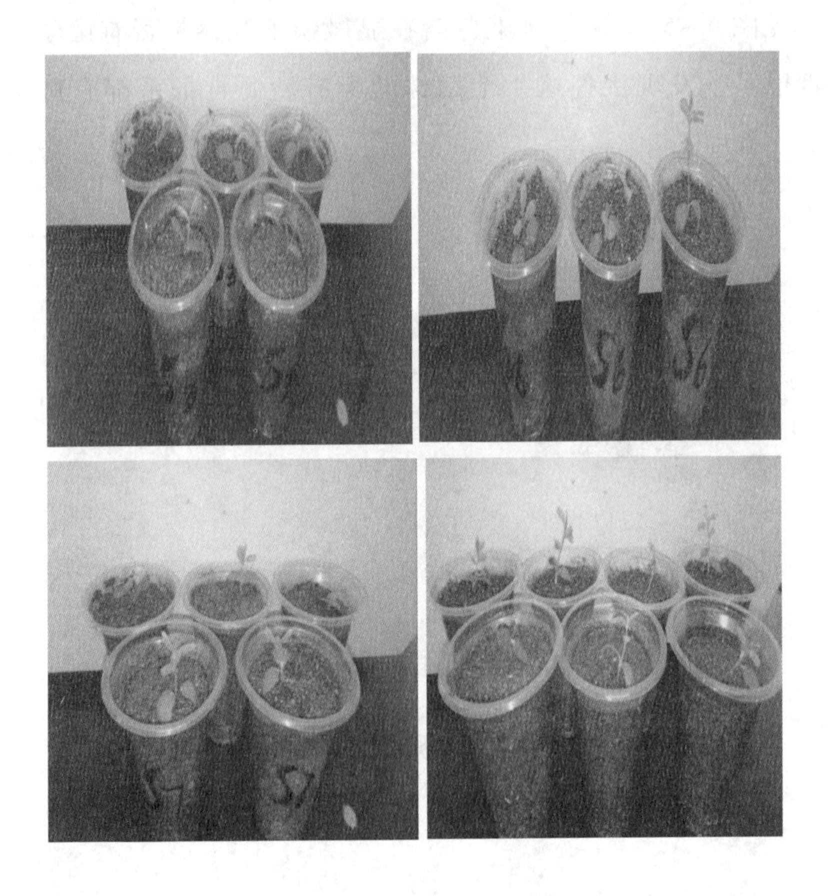

图9-4 沙冬青幼苗接种4个菌株后的生长表现

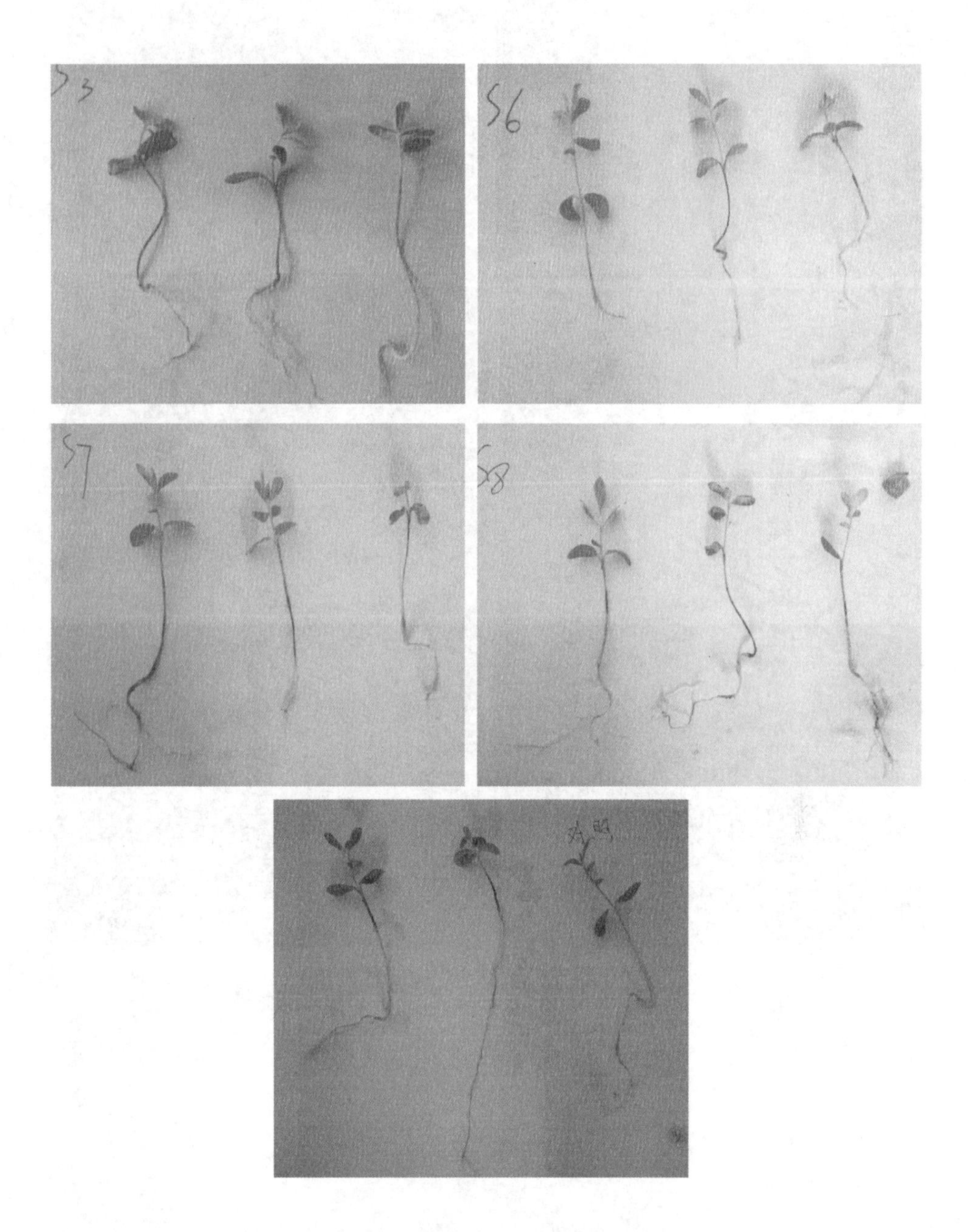

图 9－5　接种菌株后的沙冬青幼苗根系观察

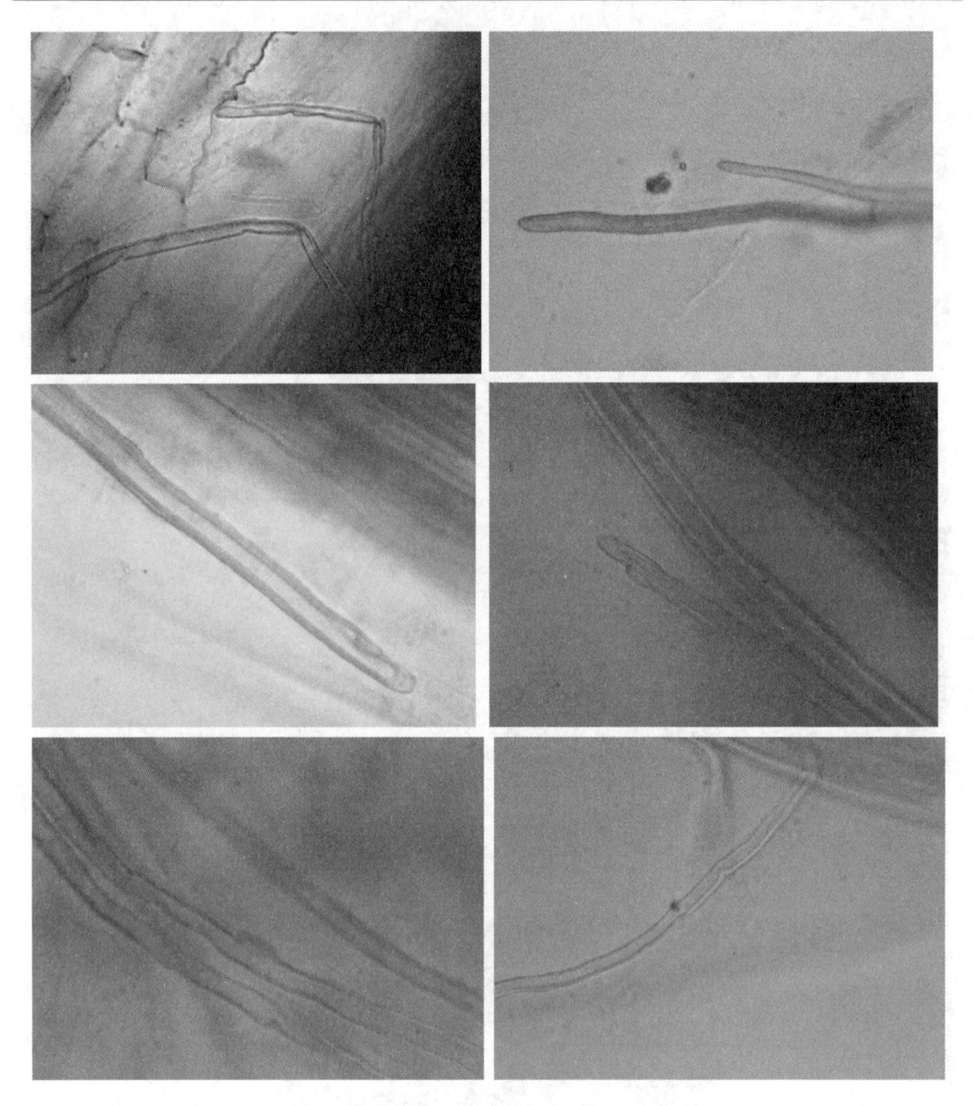

图9-6 接种菌株后的沙冬青幼苗根内真菌侵染观察

9.4 本章小结

研究获得沙冬青根内生真菌6个菌株。6个菌株在菌落颜色、是否有气生菌丝等方面有所不同。经分子鉴定，这 6 个菌株隶属于粘帚霉属 *Clonostachys* 和镰刀霉属 *Fusarium*。其中，*Fusarium* 属真菌的 5 个菌株有 1 个菌株鉴定到种为 Fusarium acuminatum，4 个菌株只能鉴定到属水平；*Clonostachys* 属的 1 个菌株只能鉴定到属水平。

液体培养获得 4 个菌株的菌剂，对沙冬青幼苗进行回接实验，结果表明，*Clonostachys* 的 1 个菌株和 *Fusarium* 的 3 个菌株没有对沙冬青幼苗产生致病性。这 4 个菌株都侵染了沙冬青幼苗的根系，但沙冬青幼苗的根系在外观和生长状况与对照相比都没有出现异常。

沙冬青根内生真菌 *Fusarium* 对沙冬青的作用还有待进一步研究，*Clonostachys* 菌株的生防潜力还有待开发。

10 讨论与结论

10.1 讨论

10.1.1 红外热成像技术诊断沙冬青衰退等级

一般而言，树木在生长、成熟直至衰退过程中其光合生理指标是不断变化的。幼叶组织发育未健全，气孔尚未完全形成或开度小，细胞间隙小，叶肉细胞与外界气体交换速率低；叶绿体小，片层结构不发达，光合色素含量低，捕光能力弱；光合酶，尤其是 Rubisco 的含量与活性低，因而光合能力很低。植物叶片在展开过程中，气孔数量逐渐增多，叶绿素含量逐渐增加，叶绿体结构逐渐完善，电子传递和光合能力逐渐加强。当叶片的面积和厚度长至最大值时，通常光合速率也达到最大值。随着叶片衰退，气孔导度下降，Rubisco 含量和活性下降，光合电子传递能力降低，光合能力逐渐减弱。对林木的研究发现，不同年龄叶片的光合指标间均存在着一定差异。本研究的结果与之相符：与壮龄植株相比，幼龄及老龄沙冬青由于发育程度不同而出现生理学变化，生理指标存在差异，最后体现在植株叶温的变化上，从而导致植物健康指数出现差异。此外，一般情况下，不论任何健康的植物，其光合指标均应表现为单峰曲线或双峰曲线，而本结果重度衰退沙冬青的光合指标基本表现为一直下降的趋势，分析有两种可能：①影响气孔导度等指标的外因有 CO_2、光照、温度、水分等，由于退化沙冬青对这些外因较为敏感，因而在上午 9 时或 9 时之前便出现峰值；②重度衰退与轻度衰退沙冬青植株动态曲线本应相同，但因植株处于衰退状态，体内抗逆激素 ABA 含量较多，故影响保卫细胞水分的变化继而引起水势下降、气孔变小甚至关闭。但因本文的侧重点主要在于研究 h_{at} 与其对应的光合参数的相关关系，故未测定 9 时之前的相关指标，因而在下一步试验中可着重改进。

h_{at} 结果表明，上午 9 时不同衰退等级沙冬青植株的 h_{at} 差异不显著，而在其余时间段 h_{at} 均表现为重度衰退 > 中度衰退 > 轻度衰退 > 未衰退。根据三温模型的理论，不同衰退状况的沙冬青植株蒸腾速率排序应为重度衰退 < 中度衰退 < 轻度衰退 < 未衰退，这与利用 LI-COR6400 光合测定系统测得的蒸腾速率日均值大小顺序一致。此外，根据植被蒸腾扩散系数的日均值，可将未衰退、轻度衰退、中度衰退及重度衰退沙冬青的衰退等级初步划分为 < 0.50、0.50 ~ 0.65、> 0.65，但因试验的植株数量较少，不同衰退状况的沙冬青阈值只能进行初步划分，仅在于为定量诊断沙冬青衰退程度提供一种快速、准确的诊断方法。在下一阶段的试验中，可在 3 月中旬 ~ 10 月沙冬青生长季期间，选择大批量试验植株，结合测定土壤水分、植物水势、光合、生长势等指标，确定沙冬青群落的准确衰退等级，划定各个指标的不同衰退等级阈值。通过建立 h_{at} 与衰退等级、生理生态指标之间的关系，编制利用红外热成像技术自动识别沙冬青衰退状况的软件系统，实现自动识别。

以往判断植物生长状况、评价衰退程度的方法，一般都是采用调查生物量和生长势等生长指标，或结合测定光合、蒸腾等生理指标进行。这些方法较为烦琐耗时，需要大量的人力、物力，而且存在以点概面的严重不足。红外热成像技术提供了一种获得高分辨率空间信息的手段，具有快速方便、准确可靠、对植物及环境没有任何干扰的特点。应用红外热成像技术提取植被表面温度并根据“三温模型”计算不同衰退状况植株的植被蒸腾扩散系数，能够在非接触、无损伤的情况下，较为准确地获取植物冠层表面温度，计算出植被的蒸腾扩散系数，从而诊断植被的衰退程度。这种测试手段简便易行，为现地特别是自然保护区非接触、长期、连续观测植被生长状况提供了可能，也为准确诊断植被的不同衰退程度创造了先决条件。此外，这种技术还可以利用飞机甚至卫星进行大尺度范围的遥感监测，以判别宏观区域植物的生长状况，也是当今无损监测研究的热点与难点。

10.1.2 不同生境沙冬青群落的根内生真菌群落结构

本试验对西鄂尔多斯国家自然保护区 5 个不同生境中的沙冬青根内生真菌进行了高通量测序，测序结果能反映根内生真菌群落的实际情况。

所有 5 个生境共获得 431 种真菌的 OTU；按照河边、山脚、路边、化工厂、山坡的顺序获取的 OTU 数量分别为 178、201、181、169 和 174。香农多样性指数反映的样品物种丰富度为河边 > 山坡 > 化工厂 > 山脚 > 路边，但物种多样性为山脚 > 山坡 > 路边 > 河边 > 化工厂。

从门水平上来看，Basidiomycota 门真菌在山脚、化工厂和山坡沙冬青群落样品中占绝对优势，Ascomycota 门真菌在河边沙冬青群落样品中占绝对优势，Ascomycota 门和 Basidiomycota 门真菌在路边沙冬青群落样品中比例相当且占比都较大。在科水平上，5 个生境沙冬青群落根内生真菌共有科为 Thelephoraceae、Nectriaceae、Tricholom ataceae、Venturiaceae 和 Sebacinaceae。虽然这 5 个科的真菌在各生境沙冬青根内生真菌的群落中占比都超过 77%，但由于丰度差异显著，因此在科水平上这 5 个生境的沙冬青根内生真菌的群落结构差异非常显著。在属水平上，5 个生境沙冬青所有 OTU 隶属的真菌 Top10 属在营养方式上可以分为两大类：一类是腐生真菌或寄生真菌，另一类是共生真菌。其中，腐生真菌或寄生真菌包括 *Fusarium*、*Platychora*、*Cryptococcus*、*Leptosphaeria* 和 *Nectria*，占所有 OTU 的 51.35%，而共生真菌包括 *Tricholoma*、*Tuber*、*Wilcoxina*、*Tomentella* 和 *Sebacina*，占所有 OTU 的 39.22%。腐生真菌或寄生真菌是世界广布的植物病原或动物病原真菌，普遍存在于土壤等环境中，可侵染植物或动物的很多部位，引起多种病害，如 *Fusarium* 会引起植物枯萎病和根腐病；还可寄生于动物，也可对人畜健康造成危害。共生真菌会与植物形成菌根，帮助植物吸收营养物质和水分，有研究报道了 *Sebacina* 与不同植物可形成不同的菌根类型，如与鸟巢兰等兰科植物形成兰科菌根、与岩高兰等形成欧石楠类菌根、与皱皮裂叶苔形成叶苔类菌根以及与树莓等形成内外兼生菌根。但以上共生真菌属和沙冬青以怎样的方式共生，还有待进一步研究。

5 个不同生境沙冬青根内生真菌在群落结构组成和丰度上有显著差异，优势属（丰度大于 1%）中腐生真菌或寄生真菌与共生真菌的比例相差很大。在河边的沙冬青群落，腐生真菌或寄生真菌所占比例高达 82.52%，而共生真菌所占比例只有 9.49%；在山坡上的沙冬青群落，共生真菌所占比例达到 81.27%，而腐生真菌或寄生真菌只有

9.75%；在路边和化工厂的沙冬青群落，腐生真菌或寄生真菌是共生真菌的近2倍；只有在山脚的沙冬青群落，腐生真菌或寄生真菌与共生真菌所占比例相当。这可能与各自生境的气候、水分以及土壤因素密切相关，但本研究中没有进行相关分析，因此不作讨论。

在各生境根内生真菌Top10属包含的21个属中，*Tomentella*、*Tricholoma*、*Cortinarius*、*Sebacina*、*Inocybe*、*Tuber*、*Suillus*和*Wilcoxina*这8个属被报道是外生菌根真菌属，这类真菌在其他植物的根内生真菌群落研究中从未被报道过，其原因是目前根内生真菌的研究大多基于传统的分离培养法，使这些菌根真菌都很难被分离出来。本研究中报道的沙冬青根内生真菌有多数外生菌根真菌还属首次。

5个生境沙冬青群落根内生真菌Top10属的共有属为*Tomentella*、*Tricholoma*、*Fusarium*和*Sebacina*。虽然这4个属的真菌在不同生境下根内生真菌群落中的占比不同，表现出很大的差异，但这4个属的真菌在不同生境的沙冬青群落中都有分布，应该是沙冬青根内生真菌的"建群类群"。这些真菌类群和沙冬青群落的演化关系还有待进一步的研究。

10.1.3 不同衰退等级沙冬青群落根内生真菌群落结构

本试验对西鄂尔多斯国家自然保护区4个不同衰退等级的沙冬青根内生真菌进行了高通量测序分析。4个衰退等级的沙冬青群落共获得215个真菌OTUs；按照未衰退、轻度衰退、中度衰退和重度衰退的顺序获取的OTU数量分别为147个、81个、120个、76个。香农多样性指数反映的样品物种丰富度为未衰退 > 轻度衰退 > 重度衰退 > 中度衰退，物种多样性为未衰退 > 中度衰退 > 轻度衰退 > 重度衰退。中度衰退沙冬青根内生真菌的物种多样性高于轻度衰退和重度衰退沙冬青根内生真菌的物种多样性，可能是真菌对植物衰退的一种特殊响应机制。

从门水平上来看，Basidiomycota 门真菌在所有衰退等级的沙冬青群落样品中占绝对优势，都超过 75%，Ascomycota 门真菌所占比例都不超过 25%，Zygomycota 所占比例极小。在科水平上，虽然沙冬青群落根内生真菌 Top10 科中 4 个衰退等级共有的科达到了 8 个，且这 8 个科在各衰退等级的丰度总占比很接近，但各科的丰度差异较大。因此，在科水平上，不同衰退等级沙冬青根内生真菌群落结构的差异显著。在属水平上，4 个衰退等级沙冬青所有 OTU 隶属的真菌 Top10 属在营养方式上可以分为两大类：一类是腐生真菌或寄生真菌，另一类是共生真菌。其中，腐生真菌或寄生真菌包括 *Agaricus*、*Ilyonectria*、*Fusarium* 和 *Penicillium*，占所有 OTU 的 47.81%；共生真菌包括 *Tomentella*、*Tricholoma*、*Tuber*、*Amphinema*、*Sebacina* 和 *Inocybe*，占所有 OTU 的 44.74%。总体来说，腐生真菌或寄生真菌与共生真菌的比例相近。

各衰退等级沙冬青根内生真菌的群落结构的组成和丰度在属水平上有显著差异，优势属（丰度大于 1%）中腐生真菌或寄生真菌与共生真菌的比例相差很大。在未衰退和轻度衰退沙冬青根内生真菌群落中，共生真菌的占比大于腐生真菌或寄生真菌；在中度衰退和重度衰退等级沙冬青根内生真菌群落中，腐生真菌或寄生真菌的占比大于共生真菌。腐生真菌或寄生真菌及共生真菌在沙冬青根内的比例呈现出动态变化，腐生真菌或寄生真菌的比例高于共生真菌的比例就可能引起病害的发生，进而导致沙冬青群落的衰退。

4 个衰退等级沙冬青群落根内生真菌 Top10 属共有的 6 个属在各衰退等级沙冬青根内生真菌中的占比接近（79.8% ~85.56%）。在这 6

个共有属中，腐生真菌或寄生真菌属为 *Agaricus* 和 *Fusarium*，共生真菌属为 *Inocybe*、*Tomentella*、*Tricholoma*、*Tuber*。二者在未衰退、轻度衰退、中度衰退以及重度衰退沙冬青根内生真菌群落中所占比例有所不同，分别是32.47%2:52.21% (0.62)、34.32%:51.24% (0.66)、45.67%:37.79% (1.21)、54.33%:25.47 (2.13)，总体呈现出随衰退等级的加重，沙冬青群落根内生真菌 Top10 属的共有属中腐生真菌或寄生真菌与共生真菌的比例逐渐提高的趋势。

所有衰退等级的根内生真菌群落结构差异显著，主要是因为各属在各衰退等级的丰度之间的差异显著。此外，各衰退等级的沙冬青群落根内生真菌的群落中丰度高的属各不相同，这也是造成各衰退等级根内生真菌群落结构差异显著的原因。

土壤理化因子中 4 个因子对根内生真菌群落有显著影响，其中，有机质与土壤容重具有协同作用，且对 *Agaricus*、*Inocybe*、*Fusarium*、*Penicillium*、*Amphinema* 具有正相关影响，对 *Tricholoma*、*Tomentella*、*Tuber* 具有负相关影响。从 18 个属的聚类热图也可以看出，*Fusarium*、*Penicillium* 在重度衰退的沙冬青群落的根内分布最多，且土壤有机质含量在所有衰退等级中最高。*Fusarium*、*Penicillium* 在根内的丰度高也可能是沙冬青重度衰退的诱因。

10.1.4 不同衰退等级沙冬青群落根围土壤真菌群落结构

本试验对不同衰退等级沙冬青的根围土壤真菌进行了高通量测序，测序结果能反映土壤中真菌群落的实际情况。研究得出的主要结果如下：

随着衰退程度的增加，土壤中的真菌群落有明显的变化：反映在物种多样性的增加和物种丰度的增加两个方面。

4 个衰退等级沙冬青群落共获得 958 个根围土壤真菌的 OTU，未衰退、轻度衰退、中度衰退及重度衰退沙冬青群落根围土壤真菌 OTU 数量分别为 783 个、678 个、676 个、723 个，物种多样性呈现先减少后增加的趋势，这可能是根围土壤真菌应对植物衰退而出现的特殊响应。

从门水平上来看，Ascomycota 门真菌始终占明显优势。从科水平上来看，4 个衰退等级沙冬青群落根围土壤真菌 Top10 科的共有科有 6 个，但这 6 个科在不同衰退等级沙冬青群落中的丰度不同，并且各衰退等级除共有科以外的科在丰度上也各不相同，因此，不同衰退等级的沙冬青群落根围土壤真菌的群落结构差异很大。从属水平上来看，不同衰退等级的沙冬青根围土壤真菌以腐生真菌或寄生真菌占绝对优势，达到 70.32%，如 Top10 属中的 *Fusarium*、*Penicillium*、*Gibberella*、*Alternaria*、*Pseudogymnoascus*、*Mortierella*、*Phoma*；而共生真菌如 *Russula*、*Lactarius*、*Piloderma* 占比较小，只占到 8.42%。虽然土壤中还有其他共生真菌类群如 *Inocybe*、*Cortinarius*、*Hygrophorus*、*Amanita*，但这些类群占比仅有 4.13%。

各衰退等级沙冬青群落根围土壤真菌 Top10 属的群落结构差异显著，表现在群落组成和各属丰度上。各衰退等级沙冬青群落根围土壤真菌 Top10 属中，只有未衰退等级和中度衰退等级的沙冬青根围土壤中出现共生真菌类群，如 *Cortinarius*、*Inocybe*、*Russula*、*Piloderma*、*Lactarius*，而在其他两个衰退等级中没有共生真菌类群。其中，*Lactarius* 的占比比较大，而其他几个共生类群占比较小。

各衰退等级沙冬青群落根围土壤真菌 Top10 属的 7 个共有属在各衰退等级中的比例变化较大，在未衰退等级占比最低，为 48.81%；中度衰退等级中占比最高，为 78.58%。共有属在各衰退等级中的丰度差异也很大。未衰退等级中只有 *Fusarium* 属占优势，其他 6 个属占比都不超过6%。随着衰退等级的增加，*Gibberella*、*Penicillium* 和 *Pseudogymnoascus* 都有增加，但增加比例在各衰退等级中有所不同。

将不同衰退等级沙冬青根围土壤真菌与根内生真菌的 Top10 属进行比较，结果显示，它们在群落结构上差异十分显著，根围土壤真菌中共生真菌类群种类和数量显著减少。从属水平上进行整体分析，根内生真菌 Top10 属中的 *Agaricus*、*Inocybe*、*Tomentella*、*Tricholoma*、*Tuber*、*Amphinema*、*Sebacina*、*Ilyonectria* 不在根围土壤中的 Top10 属中。根内生真菌和根围土壤真菌 Top10 属共有的 *Fusarium* 和 *Penicillium* 在根围土壤真菌中的占比显著增加。各衰退等级根内生真菌和根围土壤真菌进行纵向比较，结果在 Top10 属上的差异非常大，可能是因为很多土壤真菌不在根内完成生活史，也可能是采样时这些真菌在根内还没有开始或已经完成其生活史。

土壤因子中的有机质含量和土壤容重对占比较高的腐生真菌或寄生真菌如 *Fusarium*、*Penicillium*、*Gibberella*、*Alternaria*、*Phoma* 有正相关影响，这与不同衰退等级根围土壤真菌的群落结构相互对应，如未衰退等级的沙冬青群落的土壤有机质含量和容重最低，其根围土壤真菌群落中 *Fusarium*、*Penicillium*、*Gibberella*、*Alternaria*、*Phoma* 的占比仅为43.2%，而其他衰退等级的这 5 属的占比在 69.75% ~73.68%，远高于未衰退等级的沙冬青群落，说明高有机质含量和高土壤容重有利于腐生真菌或寄生真菌的生长，这也与不同衰退等级的枯枝率相吻合。

10.1.5 沙冬青—霸王混合群落的根内生真菌群落

本试验对沙冬青—霸王混合群落、沙冬青单独群落以及霸王单独群落的沙冬青与霸王根内生真菌进行了高通量测序，测序结果基本能反映土壤中真菌群落的实际情况。研究得出的主要结果如下：

研究共获得326种真菌的OTU；ZC霸王单独群落、ZMC沙冬青—霸王混合群落中的霸王、AMC沙冬青—霸王混合群落中的沙冬青、AC沙冬青单独群落获取的根内生真菌OTU数量分别为118个、204个、164个、185个。香农多样性指数反映的样品物种丰富度为ZMC > AC > AMC > ZC，物种多样性呈现出AC > ZMC > AMC > ZC，这说明混合群落中霸王和沙冬青的根内生真菌的丰富度和多样性都大于霸王和沙冬青的单独群落根内生真菌的丰富度和多样性。

从门水平上来看，Basidiomycota门真菌在所有样品中占绝对优势。从科水平上来看，ZC、ZMC、AMC、AC的根内生真菌群落结构差异显著，共有的6个科Hymenochaetaceae、Thelephoraceae、Tricholomataceae、Nectriaceae、Tuberaceae和Sebacinaceae在各群落中所占比例各不相同（44.90%～71.07%），表现出极大的差异。从属水平上来看，对所有OTU整体进行分析，Top10属中共生真菌属如*Tricholoma*、*Tomentella*、*Tuber*、*Sebacina*、*Suillus*占总的OTU的53.18%，腐生真菌或寄生真菌属如*Fusarium*、*Preussia*、*Platychora*、*Cryptococcus*、*Acremonium*占总的OTU的32.59%。共生真菌类群占比高于腐生真菌或寄生真菌类群。

对ZC、ZMC、AMC、AC各自的Top10属的分析结果表明，混合群落中共生真菌类群的占比明显增大，腐生真菌或寄生真菌类群的占比减小。例如，霸王单独群落的根内共生真菌与腐生真菌或寄生真菌的占比分别为23.35%和67.47%，而沙冬青—霸王混合群落中的霸王的根内共生真菌与腐生真菌或寄生真菌的占比分别为75.33%和13.93%，增加的共生真菌属包括*Sebacina*、*Suillus*、*Chroogomphus*和

Inocybe；在沙冬青单独群落中和混合群落的沙冬青中也表现出同样的趋势：共生真群类群比例显著提高，腐生真菌或寄生真菌类群比例显著下降，增加的共生真菌类群包括 *Amphinema* 和 *Suillus*。

ZC、ZMC、AMC、AC 根内生真菌 Top10 属的共有属只有 3 个。这 3 个共有属在各群落的占比差异很大（28.36% ~76.64%），同样也表现出在混合群落中占比高于单独群落的趋势。例如，这 3 属在 ZMC 中的比例比 ZC 高出 96.5%，而在 AMC 中的比例比在 AC 中高出 78.5%。这 3 个共有属在各群落丰度的差异和 4 个群落根内生真菌 Top10 包含的 20 个属在各群落中的丰度的极大差异，都是导致各群落根内生真菌群落结构显著差异的原因。

沙冬青—霸王混合群落中的沙冬青和霸王的根内生真菌的群落结构相似，这可能是沙冬青—霸王混合群落面积增加的内在原因之一。

10.1.6 沙冬青根内生真菌分离培养与鉴定实验

本实验对沙冬青根内生真菌进行了分离培养，共获得 6 个菌株，这 6 个菌株的菌落特征在颜色、形状、是否分泌色素、有无气生菌丝等方面有明显的差别。分子鉴定结果也表明，这 6 个菌株是 6 个不同的种，隶属于粘帚霉属 *Clonostachys* 和镰刀霉属 *Fusarium* 两个属。

接种 3 个镰刀霉属菌株和一个粘帚霉属菌株后，沙冬青幼苗没有发生病害，与对照幼苗相比较，根系完整无异常，但根系都有真菌侵入。

王瑞虎等的研究发现，粘帚霉属在作物病害的生物防治中起着重要作用，粉红粘帚霉对病原菌有强烈的拮抗作用及诱导植物产生系统抗性的功效。赵士振报道粉红粘帚霉是一种分布范围广泛的丝状真菌，其生防潜力很高；在国外，该菌已经被用来防治根腐病等多种植物病

害；而在国内，目前还没使用该菌的实例。本次实验分离出与粉红粘帚霉同属的内生真菌，该菌有可能对沙冬青病原菌起到抑制作用，并通过重寄生或溶菌的作用来抑制病原菌的侵入。本研究中的回接粘帚霉属真菌的试验对沙冬青幼苗没有产生致病性，但同时也未观察到该菌对沙冬青幼苗的生长有促进作用，该菌是否可对沙冬青病害具有防治效果还需要进一步研究，其生防潜力还有待开发。

镰刀霉属的这三种菌是常见的病原菌，虽然本次回接实验中 3 个镰刀霉属菌株都侵染了沙冬青植物的根系，但从沙冬青根系的外部形态以及生长状况来看，这 3 个镰刀霉属菌株都未对沙冬青产生致病性，其原因可能如下：①接种时间短，目前的菌丝侵入量还没有达到致病性，正如 Chulz 等提出的拮抗平衡假说，只有内生真菌的致毒因子和植物的防御反应处在相对平衡状态时，才形成稳定有效的共生体，当一方失调致使平衡被打破时，内生真菌就不能定殖成功或使植物感病。②不是所有的镰刀霉都是病原菌，该属真菌也可以产生植物刺激素如赤霉素，对植物的生长起到促进作用。该属真菌对沙冬青的作用还有待进一步研究。

10.2 主要结论

10.2.1 红外热成像技术诊断沙冬青衰退等级

同一天内，不同衰退等级的沙冬青植被蒸腾扩散系数总体表现为重度衰退 > 中度衰退 > 轻度衰退 > 未衰退，根据蒸腾扩散系数的日均值，将未衰退、轻度衰退、中度衰退和重度衰退沙冬青植株的衰退等级初步划分为 <0.50、0.50～0.65、 >0.65。

与 h_{at}的日变化表现相反，不同衰退等级的沙冬青光合参数的日变化总体表现为未衰退 > 轻度衰退 > 中度衰退 > 重度衰退，即植被蒸腾扩散系数 h_{at}值越高，P_n、G_s 和 T_r 的值相应越低。

经过相关分析得出：未衰退、轻度衰退、中度衰退、重度衰退的沙冬青植被蒸腾扩散系数与叶片蒸腾速率（T_r）、气孔导度（G_s）、净光合速率（P_n）均成极显著负相关关系，表明 h_{at}与 P_n、G_s 和 T_r 能同步反映出植物的生长状态。h_{at}与光合参数的回归模型 $Y = a - b\ln x$（式中，Y 为光合参数 P_n、G_s 和 T_r；x 为植被蒸腾扩散系数 h_{at}；a、b 为常数）的建立，为进一步利用 h_{at}诊断植物衰退程度提供了可靠依据。

10.2.2 不同生境沙冬青群落的根内生真菌群落结构

不同生境沙冬青的根内生真菌群落结构在门、科、属水平上都有显著差异。

Tomentella、*Tricholoma*、*Fusarium* 和 *Sebacina* 属真菌在所有生境的沙冬青群落中都有分布。其中，*Fusarium* 是公认的根腐菌，而 *Tomentella*、*Tricholoma*、*Sebacina* 是共生菌根真菌。

在属水平上，化工厂和山脚沙冬青根内生真菌群落结构最相似，这两个生境又与山坡上的沙冬青根内生真菌的群落相似，路边和河边两个生境的沙冬青群落根内生真菌的群落结构较相似。

10.2.3 不同衰退等级沙冬青群落根内生真菌群落结构

不同衰退等级的沙冬青根内生真菌群落结构在门、科、属水平上都有显著差异。

Agaricus、*Tomentella*、*Tricholoma*、*Fusarium*、*Inocybe* 和 *Tuber* 6 个属真菌在所有衰退等级的沙冬青群落中都有分布。

不同衰退等级的沙冬青根内都有腐生或寄生真菌和共生真菌分布，不同衰退等级沙冬青群落中两类群的真菌占比不同。其中，*Fusarium* 是根腐菌，而 *Tomentella*、*Tricholoma*、*Sebacina* 是共生菌根真菌。

腐生真菌或寄生真菌以及共生真菌在沙冬青根内的比例呈现出动态变化，随着衰退等级的增加，沙冬青根内腐生真菌或寄生真菌与共生真菌的比例显著增高，腐生真菌或寄生真菌的比例高于共生真菌比例就可能引起病害的发生，进而导致沙冬青群落的衰退。

10.2.4 不同衰退等级沙冬青群落根围土壤真菌群落结构

根围土壤真菌物种多样性随着衰退等级的增加呈现先减少后增加的趋势。

不同衰退等级的沙冬青的根围土壤真菌群落结构在门、科和属水平上都有显著差异。

土壤中的真菌 Top10 属中的共生真菌类群较少，且占比较低。

有机质和土壤容重对不同衰退等级的沙冬青根围土壤真菌群落结构的影响很大，对大部分腐生或寄生真菌的影响成正相关。*Fusarium*、*Penicillium*、*Gibberella*、*Alternaria*、*Phoma* 的占比在衰退的沙冬青群落中明显增加，表明高有机质含量和高土壤容重有利于腐生或寄生真菌的生长。

10.2.5 沙冬青—霸王混合群落的根内生真菌群落

沙冬青—霸王混合群落、沙冬青单独群落以及霸王单独群落的沙冬青与霸王根内生真菌群落结构在科、属水平上都有极大差异。

沙冬青—霸王混合群落中沙冬青和霸王的根内生真菌 Top10 属中共生真菌类群种类明显增多，且共生真菌类群的占比明显增加，腐生或寄生真菌的类群占比减少。

在西鄂尔多斯保护区的沙冬青群落中往往能见到霸王，这可以从根内生真菌的群落结构进行解释：沙冬青—霸王混合群落中的沙冬青和霸王的根内生真菌的群落结构相似。

10.2.6 沙冬青根内生真菌分离培养与鉴定实验

研究共获得沙冬青根内生真菌 6 个菌株。6 个菌株在菌落颜色、是否有气生菌丝等方面有所不同。经分子鉴定，这 6 个菌株属于粘帚霉属 *Clonostachys* 和镰刀霉属 *Fusarium* 2 个属。其中，5 个菌株为 *Fusarium* 属的 5 个菌株有 1 个菌株鉴定到种为 Fusarium acuminatum，4 个菌株只能鉴定到属水平；*Clonostachys* 属的 1 个菌株只能鉴定到属水平。

液体培养获得 4 个菌株的菌剂，对沙冬青幼苗进行回接实验，结果表明，*Clonostachys* 的 1 个菌株和 *Fusarium* 的 3 个菌株没有对沙冬青幼苗产生致病性。这 4 个菌株都侵染了沙冬青幼苗的根系，但沙冬青幼苗的根系在外观和生长状况与对照相比都没有出现异常。

沙冬青根内生真菌 *Fusarium* 对沙冬青的作用还有待进一步研究，*Clonostachys* 菌株的生防潜力还有待开发。

参考文献

［1］阿荣，张自学，王忠恩．西鄂尔多斯自然保护区规划概述［J］．内蒙古环境保护，1995，7（4）：24－26.

［2］陈波，吴友吕，杨季芳．中国对虾养成期镰刀菌致病性研究［J］．东海海洋，1992（4）：7－15.

［3］程晓丽．黄渤海沉积物真菌分子多样性及新种鉴定［D］．中国海洋大学硕士学位论文，2014.

［4］慈忠玲，于福杰，魏学增．珍稀濒危树种——沙冬青体细胞胚胎发生的组织学观察［J］．内蒙古林学院学报，1994（1）：36－39.

［5］党晓宏．西鄂尔多斯地区荒漠灌丛生态系统固碳能力研究［D］．内蒙古农业大学博士学位论文，2016.

［6］丁琼．共生菌在濒危植物沙冬青引种栽培中的应用研究［D］．北京林业大学硕士学位论文，2004.

［7］丁晓莉．大沙冬青组织培养的探讨［J］．干旱区研究，1988（4）：44－46.

［8］董光荣，李保生，高尚玉，等．鄂尔多斯第四纪古风成沙的发现及其意义［J］．科学通报，1983（16）：11－18.

［9］董雪．沙冬青平茬技术及刈割后生理生化特性研究［D］．内蒙古农业大学硕士学位论文，2013.

［10］段慧荣，李毅，马彦军．PEG 胁迫对沙冬青种子萌发过程的影响［J］．水土保持研究，2011（6）：221－225．

［11］额尔敦格日乐．3S 技术在西鄂尔多斯国家级自然保护区研究中的应用［D］．内蒙古师范大学硕士学位论文，2007．

［12］傅立国．蒙药孟和哈日嘎呐（沙冬青）的生药学研究［J］．中国民族医药学杂志，1997，3（1）：41．

［13］高海波，沈应柏，黄秦军．机械刺激触发沙冬青细胞产生依赖 $Ca2^{+}$的 H^{+}内流［J］．林业科学，2012（11）：36－41．

［14］高海波．沙冬青细胞对 MeJA 处理的初始生理响应［J］．林业科学，2012（10）：24－29．

［15］高志海，刘生龙，仲述军，王理德．矮沙冬青引种栽培试验研究［J］．甘肃林业科技，1995（1）：28－31，34．

［16］韩善华，李劲松．沙冬青叶片结构特征及其抗寒性的关系［J］．林业科学，1992（3）：198－201，289－290．

［17］韩善华，张红，王双．沙冬青根瘤菌的电子显微镜研究［J］．中国微生态学杂志，1999（1）：29－31．

［18］韩秀珍，马建文，布和敖斯尔等．利用卫星 ETM 与样方统计数据研究西鄂尔多斯珍稀濒危植物种群分布规律［J］．遥感学报，2002，6（2）：136－141．

［19］韩雪梅，屠骊珠．沙冬青大、小孢子发生与雌、雄配子体发育［J］．内蒙古大学学报（自然科学版），1991（1）：119－126，147－148．

［20］郝润梅．西鄂尔多斯自然保护区生态环境保护问题研究［J］．科学管理研究，2000，18（5）：73－74．

［21］何恒斌，郝玉光，丁琼，贾桂霞．沙冬青植物群落特征及其根瘤多样性研究［J］．北京林业大学学报，2006（4）：123－128．

［22］何恒斌，贾昆峰，贾桂霞，丁琼．沙冬青根瘤菌的抗逆性［J］．植物生态学报，2006（1）：140－146.

［23］何恒斌，张惠娟，贾桂霞．磴口县沙冬青种群结构和空间分布格局的研究［J］．林业科学，2006（10）：13－18.

［24］何恒斌．沙冬青群落及其根瘤菌的研究［D］．北京林业大学硕士学位论文，2009.

［25］何丽君，慈忠玲，孙旺．珍稀濒危植物沙冬青 Ammopiptanthus mongolicus（Maxim.）（chengf.）组织培养再生植株的研究［J］．内蒙古农业大学学报（自然科学版），2000（4）：28－30.

［26］胡桂萍，郑雪芳，尤民生等．植物内生菌的研究进展［J］．福建农业学报，2010，25（2）：226－234.

［27］纪磊，李学志，王京国，陈士刚，陶晶．沙冬青引种栽培试验研究［J］．吉林林业科技，2010（6）：8－11.

［28］贾玉华，郭成久，苏芳莉，赵鸿坤，何季．不同催芽方法对沙冬青、花棒和沙枣种子萌发的影响［J］．种子，2009，28（7）：58－63.

［29］蒋进．新疆沙冬青的叶片气孔行为以及对空气温度的反应［J］．干旱区研究，1991（2）：31－35.

［30］蒋志荣，安力，王立，金芳．不同激素对沙冬青组织培养生芽的影响［J］．中国沙漠，1997（2）：105－107.

［31］焦培培，李志军．濒危植物矮沙冬青传粉生物学特性研究［J］．安徽农业科学，2010，38（3）：1222－1224，1234.

［32］焦培培，李志军．濒危植物矮沙冬青开花物候研究［J］．西北植物学报，2007，27（8）：1683－1689.

［33］雷雪静，贺达汉，何玉玲，马永林．沙冬青茎杆甲醇提取物对小菜蛾幼虫生长发育的影响［J］．西北农业学报，2008（5）：86－90.

[34] 雷雪静，贺达汉，何玉玲，马永林．沙冬青茎甲醇提取物对小菜蛾幼虫生长发育抑制作用研究［J］. 植物保护，2008（5）：100－103.

[35] 雷娅红，况卫刚，郑春生，李秀璋，高文娜，李春杰．基于DNA条形码技术对镰刀菌属的检测鉴定［J］. 植物保护学报，2016（4）：544－551.

[36] 李安峰，骆坚平，黄丹，潘涛．传统活性污泥法和膜生物反应器驯化期微生物群落组成特征［J］. 安徽农业科学，2015（1）：189－191，309.

[37] 李毅，陈拓，安黎哲．超干贮藏对沙冬青和霸王种子的影响研究［J］. 种子，2006，25（10）：1－5.

[38] 李颖等．真菌生物学实验教程［M］. 北京：科学出版社，2015：84－85.

[39] 刘果厚．阿拉善荒漠特有植物沙冬青濒危原因的研究［J］. 植物研究，1998（3）：85－89.

[40] 刘果厚．阿拉善荒漠特有植物沙冬青濒危原因的研究［J］. 植物研究，1998，18（3）：341－345.

[41] 刘浩，王棚涛，安国勇，周云，樊丽娜．拟南芥干旱相关突变体的远红外筛选及基因克隆［J］. 植物学报，2010，45（2）：220－225.

[42] 刘家琼，邱明新，石庆辉．沙冬青植物群落研究［J］. 中国沙漠，1995（2）：109－115.

[43] 刘家琼，邱明新．我国荒漠特有的常绿植物——沙冬青的生态生理及解剖学特征［J］. Journal of Integrative Plant Biology，1982（6）：568－574.

[44] 刘建党，张今今．我国西部发展药用植物种植的机遇与对策［J］. 西北农林科技大学学报（社会科学版），2003，3（1）：69－72.

[45] 刘亚，丁俊强，苏巴钱德，廖登群，赵久然，李建生．基于远红外热成像的叶温变化与玉米苗期耐旱性的研究 [J]. 中国农业科学，2009，42（6）：2192－2201.

[46] 刘亚．远红外成像技术在植物干旱响应机制研究中的应用 [J]. 中国农学通报，2012，28（3）：17－22.

[47] 刘艳萍，鲁乃增，段黄金，张丽．矮沙冬青种子的超干保存 [J]. 四川农业大学学报，2010，28（2）：131－135.

[48] 刘颖茹，杨持．濒危物种四合木（Tetraena Mongolica Maxim）种子活力时空变异的比较研究 [J]. 内蒙古大学学报（自然科学版），2001，32（3）：297－300.

[49] 罗森林等．生物信息处理技术与方法 [M]. 北京：北京理工大学出版社，2015：143.

[50] 马淼，陈蓓蕾，骆世洪．濒危植物新疆沙冬青叶解剖结构及其光合特性 [J]. 石河子大学学报（自然科学版），2005，23（4）：446－448.

[51] 马淼，杨坤，赵红艳．新疆沙冬青种子特性分析及萌发条件的优化选择 [J]. 种子，2007（3）：7－9.

[52] 内蒙古自治区环保局．西鄂尔多斯国家级自然保护区综合考察报告（内部资料），2002，9.

[53] 倪健，陈仲新，董鸣，等．中国生物多样性的生态地理区划 [J]. 植物学报，1998，40（4）：370－382.

[54] 诺禾致源科技服务部．高通量测序与大数据分析——农学篇 [M]. 2016 年 9 月第 1 版．

[55] 潘伯荣，伊林克，安尼瓦尔．我国干旱荒漠区珍惜濒危植物资源的综合评价及合理利用 [J]. 干旱区研究，1991（3）：2－3.

［56］潘伯荣，余其立，严成．新疆沙冬青生态环境及渐危原因的研究[J]．植物生态学与地植物学学报，1992（3）：276－282.

［57］庞立东．西鄂尔多斯—东阿拉善荒漠灌木优势种群生态位研究［D］．内蒙古农业大学硕士学位论文，2006.

［58］乔康．乌海国土资源［M］．呼和浩特：内蒙古人民出版社，1988：2－6，31－49.

［59］清华．西鄂尔多斯半日花（Helianthemum Soongoricum Schrenk）群落特征与水分利用研究［D］．内蒙古大学硕士学位论文，2007.

［60］邱国玉，吴晓，王帅，宋献方．三温模型——基于表面温度测算蒸散和评价环境质量的方法Ⅳ．植被蒸腾扩散系数［J］．植物生态学报，2006，30（5）：852－860.

［61］邱鹏飞，何炎红，田有亮．赤霉素浸种对沙冬青种子萌发的影响［J］．现代农业科技，2010（3）：7－9.

［62］师静，刘美芹，史军娜，等．沙冬青胚胎晚期发生丰富蛋白基因序列及表达特性分析［J］．北京林业大学学报，2012，34（4）：114－119.

［63］宋娟娟，唐源江，廖景平，葛学军．濒危植物矮沙冬青减数分裂期染色体行为的观察［J］．热带亚热带植物学报，2003，11（2）：166－168.

［64］田艳艳，王伟杰，苗圃，李淑君，康业斌．河南烟草镰刀菌的初步分子鉴定［J］．烟草科技，2014，（11）：89－92.

［65］王冰，崔日鲜，王月福．基于远红外成像技术的花生苗期抗旱性鉴定［J］．中国油料作物学报，2011，33（6）：632－636.

［66］王朝锋，何红，邓世荣．濒危植物沙冬青育苗与造林［J］．

农村科技，2005（8）：46.

［67］王斐，山本晴彦．用红外热像法检测一些树木枝叶温度的研究［J］．光谱学与光谱分析，2010，30（11）：119－120.

［68］王荷生．中国种子植物特有属起源的探讨［J］．云南植物研究，1989，11（1）：1－16.

［69］王继林，郭志中，于洪波，王三英，何虎林．濒危灌木沙冬青育苗方式对比试验［J］．中国沙漠，2000（3）：89－91.

［70］王丽明．冬小麦的水分特征和水分利用效率研究——以华北平原栾城为例［D］．北京师范大学博士学位论文，2005.

［71］王瑞虎，关鑫，陈秀玲，王傲雪．番茄灰霉病菌的鉴定及系统发育树分析［J］．北方园艺，2013（6）：127－131.

［72］王维．分布于沙漠和戈壁的沙冬青和四合木活性物质的超量积累及对衰老进程调控的分析研究［D］．复旦大学博士学位论文，2006.

［73］王伟东等．微生物学［M］．北京：中国农业大学出版社，2015：285.

［74］王雄，刘强．濒危植物沙冬青新害虫——灰斑古毒蛾的研究［J］．内蒙古师范大学学报（自然科学汉文版），2002（4）：374－378.

［75］王雄．濒危植物沙冬青害虫及其防治研究［D］．内蒙古师范大学硕士学位论文，2003.

［76］王雪征，陈淑萍．沙冬青生境调查及人工栽培技术［J］．河北农业科学，2005（4）：51－52.

［77］王彦阁，杨晓晖，慈龙骏．西鄂尔多斯高原干旱荒漠灌木群落空间分布格局及其竞争关系分析［J］．植物资源与环境学报，2010，19（2）：8－14.

［78］王彦芹，焦培培，李彬，刘陈．珍稀濒危植物新疆沙冬青的组织培养和植株再生［J］．植物生理学通讯，2010（4）：375－376.

［79］王烨，尹林克，潘伯荣．沙冬青属植物种子特性初步研究［J］．干旱区研究，1991（2）：12－16.

［80］尉秋实，王继和，李昌龙，庄光辉，陈善科．不同生境条件下沙冬青种群分布格局与特征的初步研究［J］．植物生态学报，2005（4）：591－598.

［81］吴昊．西鄂尔多斯地区沙冬青群落退化特征研究［D］．内蒙古农业大学硕士学位论文，2016.

［82］吴佐祺，李玉俊．沙冬青人工栽植试验研究初报［J］．宁夏农学院学报，1982（1）：65－75.

［83］夏恩龙，彭祚登，翟明普．沙冬青的分布和保护利用研究进展［J］．防护林科技，2006（4）：56－58，70.

［84］夏晗，黄金生．低温、干旱和盐胁迫下沙冬青幼苗脯氨酸含量的变化［J］．吉林林业科技，2007，36（4）：1－2，20.

［85］兴安．不同退化半荒漠土壤理化性质的研究［D］．内蒙古农业大学，2008.

［86］徐浩博，贺学礼，许伟，韩刚．蒙古沙冬青根围丛枝菌根和深色有隔内生真菌的空间分布［J］．贵州农业科学，2013（12）：105－109，114.

［87］徐小龙，蒋焕煜，杭月兰．热红外成像用于番茄花叶病早期检测的研究［J］．农业工程学报，2012，28（5）：145－149.

［88］徐小龙．基于红外热成像技术的植物病害早期检测的研究［D］．浙江大学硕士学位论文，2012.

［89］闫来洪，张振冲，郗丽君，梁文龙．不同活性污泥中菌群多

样性及差异分析 [J]. 化学与生物工程，2016 (8)：57 – 62.

[90] 杨惠芳，靳春霞，杨玉军. 沙冬青营养袋苗移栽试验 [J]. 现代农业科技，2008 (18)：24 – 26.

[91] 杨建中. 克州小沙冬青的分布及保护利用研究 [J]. 资源保护，2002 (3)：44.

[92] 杨美霞. 西鄂尔多斯自然保护区简介 [J]. 内蒙古环境保护，1997，9 (2)：25 – 26.

[93] 于军，焦培培. 聚乙二醇 (PEG6000) 模拟干旱胁迫抑制矮沙冬青种子的萌发 [J]. 基因组学与应用生物学，2010 (2)：355 – 360.

[94] 张谧，王慧娟，于长青. 超旱生植物沙冬青高温胁迫下的快速叶绿素荧光动力学特征 [J]. 生态环境学报，2009，18 (6)：2272 – 2277.

[95] 张淑容，贺学礼，徐浩博，刘春卯，牛凯. 蒙古沙冬青根围 AM 和 DSE 真菌与土壤因子的相关性研究 [J]. 西北植物学报，2013 (9)：1891 – 1897.

[96] 张涛，蒋志荣. 沙冬青引种栽培的试验研究 [J]. 中国沙漠，1987 (3)：44 – 51.

[97] 张涛. 沙冬青生理结构特性的研究 [J]. 林业科学，1988 (4)：508 – 509.

[98] 赵斌，何绍江. 微生物学实验 (1 版) [M]. 北京：科学出版社，2002：88 – 89.

[99] 赵鸿坤，苏芳莉，贾玉华，郭成久. 花棒和沙冬青种子萌芽试验 [J]. 西北农林学报，2009 (2)：200 – 204.

[100] 赵士振. 粉红粘帚霉防治果蔬灰霉病的研究 [D]. 华中农业大学硕士学位论文，2015.

[101] 赵一之. 内蒙古珍稀濒危植物图谱 [M]. 北京：中国农业

科技出版社，1992.

［102］甄江红．濒危植物四合木生境的景观动态与适宜性评价研究［D］. 内蒙古农业大学博士学位论文，2008.

［103］中国科学院内蒙古宁夏综合考察队．内蒙古自治区与东北西部地区土壤地理［M］. 北京：科学出版社，1978：186－191.

［104］钟锐．濒危灌木沙冬青育苗试验初探［J］. 甘肃科技，2012（19）：163－164，144.

［105］周江菊，唐源江，廖景平．矮沙冬青雌配子体及胚胎发育研究［J］. 广西植物，2006，9：561－564.

［106］周江菊，唐源江，廖景平．矮沙冬青小孢子发生和雄配子体发育的观察［J］. 热带亚热带植物学报，2005，（24）：285－290.

［107］周志宇，付华，陈亚明．阿拉善荒漠草地恢复演替过程中物种多样性与生产力的变化［J］. 草业学报，2003，12（1）：34－40.

［108］祝光耀．我国自然保护区事业的发展现状与前景［J］. 环境保护，2001，2：28－29.

［109］Bettina B，Boris P，Mark T. High-throughput shoot imaging to study drought responses［J］. Journal of Experimental Botany，2010，61（13）：3519－3528.

［110］Caporaso J G，Kuczynski J，Stombaugh J，et al. QIIME allows analysis of high－throughput community sequencing data［J］. Nature methods，2010，7（5）：335－336.

［111］Carosena M，Giovanni M C. Recent advances in the use of infrared thermography［J］. Measurement science and technology，2004（15）：27－58.

［112］Chaerle L，Caeneghem W V，Messens E，et al. Presymptomatic visualization of plant virus interactions by thermography [J]. Nature Biotechnology, 1999, 17: 813 –816.

[113] Chaerle L, Van der Straeten D. Imaging techniques and the early detection of plant stress [J]. Trend Plant Science, 2000, 5: 495 –501.

[114] Chao A. Nonparametric estimating the number of classes in a population [J]. Scandinavian Journal of Statistics, 1984, 11 (4) : 265 – 270.

[115] Chen N L, Tao Y H. Study on photosynthetic property of Cucurbita maxima [J]. Acta Botanica Boreali – Occidentalia Sinica, 2003, 23: 976 –981.

[116] Clay K, Holah J. Fungal endophyte symbiosis and plant diversity in successional fields. Science, 1999, 285: 1742 –1744.

[117] Dai J M, Gao H Y, Zou Q. Changes in activity of energy dissipating mechanisms in wheat flag leaves during senescence [J]. Plant Biology, 2004, 6: 171 –177.

[118] Edgar R C, Haas B J, Clemente J C, et al. UCHIME improves sensitivity and speed of chimera detection [J]. Bioinformatics, 2011, 27 (16): 2194 –2200.

[119] Genty B. Infra – red screening for stomatal mutants. In "Abstracts of the 1st International Plant Phenomics Symposium: from Gene to Form and Function". Available at http: //http: //www. plantphenomics. org. au/IPPS09/abstracts [Verified 22 September 2009] .

[120] Giuseppe R, Shamaila Z, Wolfram S, et al. Use of thermography for high throughput phenotyping of tropical maize adaptation in water stress [J]. Computers and Electronics in Agriculture, 2011, 79 (1) : 67 –

74.

[121] Grant O M, Chaves M M, Jones H G. Optimizing thermal imaging as a technique for detecting stomatal closure induced by drought stress under greenhouse conditions [J]. Physiologia Plantarum, 2006, 127 (3): 507 -518.

[122] Grant O M, Tronina L, Jones H G. Exploring thermal imaging variables for the detection of stress responses in grapevine under different irrigation regimes [J]. J Exp Bot , 2007, 58 (4): 815 -825.

[123] Greer D H, Halligan E A. Photosynthetic and fluorescence light responses for kiwifruit leaves at different stages of development on vines grown at two different photon flux densities [J]. Australian Journal of Plant Physiol, 2001, 28: 373 -382.

[124] Hashimoto Y, Ino T, Kramer P J, Naylor A W, Strain B R. Dynamic analysis of water stress of sunflower leaves by means of a thermal image processing system [J]. Plant Physiology, 1984, 76: 266 -269.

[125] Hashimoto Y, Kramer PJ, Nonami H, Strain BR (Eds.) . Measurement techniques in plant science [M]. Academic Press: San Diego, 1990.

[126] Huelsenbeck J P, Ronquist F. Bayesian analysis of molecular evolution using MrBayes. In: Nielsen R (eds.) Statistical methods in molecular evolution [M]. New York: Springer, 2005.

[127] Huo H, Wang C K. Effects of canopy position and leaf age on photosynthesis and transpiration of Pinus koraiensis [J]. Chinese Journal of Applied Ecolog, 2007, 18 (6): 1181 -1186.

[128] Inagaki M N, Nachit M M. Visual monitoring of water deficit

stress using infrared thermography in wheat [C]. The 11th International Wheat Genetics Symposium Proceedings [A]. Sydney University Press, 2008.

[129] James R A, Caemmerer S V, Condon A G, Zwart A B, Munns R. Genetic variation in tolerance to the osmotic stress component of salinity stress in durum wheat [J]. Functional Plant Biology, 2008, 35: 111 – 123.

[130] Jiang C D, Li I P M, Gao H Y, Zou Q. Enhanced photoprotection at the early stages of leaf expansion in field – grown soybean plant [J]. Plant Science, 2005, 168: 911 – 919.

[131] Jones H G, Stoll M, Santos Tde Sousa C, et al. Use of infrared thermography for monitoring stomatal closure in the field: application to grapevine [J]. Journal of Experimental Botany, 2002, 53 (378): 2249 – 2260.

[132] Jones H G, Leinonen L. Thermal imaging for the study of plant water relations [J]. Journal of Agricultural Meteorology, 2003, 59 (3): 205 – 217.

[133] Jones H G. Irrigation scheduling: advantages and pitfalls of plant based methods [J]. Journal of Experimental Botany, 2004, 55 (407): 2427 – 2436.

[134] Jones H G. The use of thermography for quantitative studies of spatial and temporal variation of stomatal conductance over leaf surface [J]. Plant, Cell & Environment, 1999, 22: 1043 – 1055.

[135] Jones H G. IR imaging of plant canopy: scaling up the remote diagnosis and quantification of plant stress to the field and beyond. In "Abstracts of the 1st International Plant Phenomics Symposium: from Gene to Formand Function". Available at http://www.plantphenomics.org.au/

IPPS09/abstracts [Verified 22 September 2009].

[136] Katoh K, Kuma K, Toh H et al. MAFFT version 5: improvement in accuracy of multiple sequence alignment [J]. Nucleic Acids Res, 2005, 33: 511 -518.

[137] Kõljalg U, Larsson K H, Abarenkov K, et al. UNITE: a database providing web - based methods for the molecular identification of ectomycorrhizal fungi [J]. New Phytol, 2005, 166: 1063 -1078.

[138] Kümmerlen B, Dauwe S, Schmundt D, et al. Thermography to measure water relations of plant leaves [M]. Jähne B et al. In Handbook of Computer Vision and Applications: Systems and Applications. New York, Academic Press, 1999, 11 -23.

[139] Laury C, Dominique V D S. Imaging techniques and the early detection of plant stress [J]. Trends in plant science, 2000, 5 (11): 495 -501.

[140] Liu G H. Study on the endangered reasons of Ammopitanthus mogoliacus in the desert of Alashan [J]. Bull Bot Res, 1998, 18 (3): 341 -345.

[141] Lourtie E, Bonnet M, Bosschaert L. New glyphosate screening technique by infrared thermometry [M]. Fourth International Symposium on Adjuvants for Agrochemicals, Australia, 1995: 297 -302.

[142] Magoč T, Salzberg S L. FLASH: fast length adjustment of short reads to improve genome assemblies [J]. Bioinformatics, 2011, 27 (21): 2957 -2963.

[143] Marcelo A S, John L J, Jorge A G, et al. Use of physiological parameters as fast tools to screen for drought tolerance in sugarcane [J]. Braz. J. Plant Physiol, 2007, 19 (3): 193 -201.

[144] Margulies M, Egholm M, Altman W E, et al. Genomesequencing in microfabricated high – density picolitre reactors. Nature, 2005, 437 (7057) : 376 – 380.

[145] Meola C, Carlomagon G M. Resent advance in the use of infrared thermography [J]. Mes Sci Technol, 2004, 15: 27 – 58.

[146] Merlot S, Mustilli A C, Giraudat J, et al. Use of infrared thermography to isolate Arabidopsis mutants defective in stomatal regulation [J]. Plant Journal, 2002 (30) : 601 – 609.

[147] Möller M, Alchanatis V, Cohen Y, et al. Use of thermal and visible imagery for estimating crop water status of irrigated grapevine [J]. J Exp Bot, 2007, 58 (4): 827 – 838.

[148] Nylander J A A. MrModeltest v2. Program distributed by the author. Evolutionary Biology Centre, Uppsala University, 2004.

[149] Omasa K. Image instrumentation methods of plant analysis [J]. Modern methods of plant analysis (Eds HF Linskens, JF Jackson), 1990: 203 – 243.

[150] Omasa K. Diagnosis of stomatal response and gas exchange of trees by thermal remote sensing [J]. Air pollution and plant biotechnology (Eds K Omasa, H Saji, S Youssefian, N Kondo), 2002: 343 – 359.

[151] Omasa K, Abo F, Hashimoto Y, Aiga I. Image instrumentation of plants exposed to air pollutants – quantification of physiological information included in thermal images [J]. Transactions of the Society of Instrument and Control Engineers, 1981a, 17: 657 – 663.

[152] Omasa K, Abo F, Hashimoto Y, Aiga I. Measurement of the thermal pattern of plant leaves under fumigation with air pollutant. Studies

on the effects of air pollutants on plants and mechanisms of phytotoxicity. Research Report from the National Institute for Environmental Studies, 1980: 239 -247.

[153] Omasa K, Croxdale J G. Image analysis of stomatal movements and gas exchange [J]. Image analysis in biology (Ed. DP Häder), 1992: 171 -197.

[154] Omasa K, Hashimoto Y, Aiga I. A quantitative analysis of the relationships between O3 sorption and its acute effects on plant leaves using image instrumentation [J]. Environment Control in Biology, 1981b, 19: 85 -92.

[155] Omasa K, Takayama K. Simultaneous measurement of stomatal conductance, non - photochemical quenching, and photochemical yield of photosystem II in intact leaves by thermal and chlorophyll fluorescence imaging [J]. Plant & Cell Physiology, 2003, 44: 1290 -1300.

[156] Pamela J C, Steven C H. Biochemical changes that occur during senescence of wheat leaves [J]. Plant Physiology, 1982, 70: 1641 - 1646.

[157] Petrini O. Fungal endophytes of tree leaves. In: Andrews J H, Hirano S S (eds.). Microbial ecology of leaves. New York: Springer - Verlag: 179 -197.

[158] Porreca G J, Zhang K, Li J B, et al. Multiplex amplification oflarge sets of human exons. Nat Methods, 2007, 4 (11): 931 -936.

[159] Prytz G, Futsaether C M, Johnsson A. Thermography studies of the spatial and temporal variability in stomatal conductance of Avena leaves during stable and oscillatory transpiration [J]. New Phytologist, 2003,

158 (2): 249 - 258.

[160] Qiu G Y, Ben-Asher J, Yano T, Momii K. Estimation of soil evaporation using the differential temperature method [J]. Soil Science Society of American Journal, 1999a, 63: 1608 - 1614.

[161] Qiu G Y, Miyamoto K, Sase S, Gao Y, Shi P, Yano T. Comparison of the three temperatures and conventional models for estimation of transpiration [J]. JARQ-Japan Agricultural Research Quarterly, 2002, 36: 73 - 82.

[162] Qiu G Y, Miyamoto K, Sase S, Okushima L. Detection of crop transpiration and water stress by temperature related approach under the field and greenhouse conditions [J]. JARQ-Japan Agriculture Research Quarterly, 2000, 34: 29 - 37.

[163] Qiu G Y, Momii K, Yano T, Lascano R J. Experiment verification of a mechanistic model to partition evaporation into soil water and plant evaporation [J]. Agriculture for Meteorology, 1996b, 93: 79 - 93.

[164] Qiu G Y, Momii K, Yano T. An improved methodology to measure evaporation from bare soil based on comparison of surface temperature with a dry soil [J]. Journal of Hydrology, 1998, 210 , 93 - 105.

[165] Qiu G Y, Omasa K, Sase S. An infrared - based coefficient to screen plant environmental stress: concept, test and applications [J]. Functional Plant Biology, 2009, 36: 990 - 997.

[166] Qiu G Y, Sase S, Shi S, Ding G. Theoretical analysis and experimental verification of a remotely measurable plant transpiration coefficient [J]. JARQ - Japan Agricultural Research Quarterly, 2003, 37: 141 - 149 .

[167] Qiu G Y, Shi P, Wang L. Theoretical analysis of a soil evaporation transfer coefficient [J]. Remote Sensing of Environment, 2006, 101: 390 - 398.

[168] Qiu G Y, Yano T, Momii K. Estimation of plant transpiration by imitation leaf temperature. Ⅱ. Application of imitation leaf temperature for detection of crop water stress. Transactions of the Japanese society of irrigation [J]. Drainage and Reclamation Engineering, 1996b, 64: 767 - 773.

[169] Qiu G Y, Yano T, Momii K. Estimation of plant transpiration by imitation leaf temperature. Theoretical consideration and field verification. Transactions of the Japanese society of irrigation, Drainage and Reclamation Engineering, 1996a, 64: 401 - 410.

[170] Qiu GY. A New Method for Estimation of Evapotranspiration [D]. PhD dissertation, the United Graduate School of Agriculture Science, Tottori University, Japan, 1996.

[171] Ren L L, Gao H Y. Effects of NaCl stress on induction of photosynthesis and PS Ⅱ photochemistry efficiency of rumex K - 1 leaves with different age [J]. Acta Botanica Boreali - Occidentalia Sinica, 2008, 28 (5): 1014 - 1019.

[172] Schulz B, Rommert A, Dammann U, et al. Theendophyte - hostinteraction: Abalanced antagonism [J]. Mycological Research, 1999, 103 (10): 1275 - 1283.

[173] Sirault X R R, James R A, Furbank R T. A screening method for salinity tolerance in cereals using infra - red thermography. In "Abstracts of the 1st International Plant Phenomics Symposium: from Gene to Form andFunction". Available at http: //www. plantphenomics. org. au/IPPS09/

abstracts [Verified 22 September 2009].

[174] Song Y W, Kang Y L, Song C P, et al. Identification and primary genetic analysis of Arabidopsis stomatal mutants in response to multiple stresses [J]. Chinese science bulletin, 2006, 51 (21): 2586-2594.

[175] Wang B, Zhao G D, Li S N, Bai X L, Deng Z F. Diurnal photosynthetic change characteristics of the dominant species Castanopsis fargesii and Castanopsis sclerophylla in evergreen broad-leaved forest in Dagangshan mountain, Jiangxi province [J]. Acta Agriculturae Universitatis Jiangxiensis, 2005, 27 (4): 577-579.

[176] Wang Q, Garrity G M, Tiedje J M, et al. Naive Bayesian classifier for rapid assignment of rRNA sequences into the new bacterial taxonomy [J]. Applied and environmental microbiology, 2007, 73 (16): 5261-5267.

[177] Wang Y, Yin L K. Measurements of salt tolerance of two species of Ammopitanthus mogoliacus Maxim [J]. Arid Zone Research, 1991, 1: 20-22.

[178] Zhang T, Jiang Z R. Study on introduction and cultivation test of Ammopitanthus mogoliacus Maxim [J]. Journal of Desert Research, 1987, 7 (3): 41-47.

[179] Zhou Y J, Liu C L, Feng J Z, Xia X H. Advance of drought-resistance and frigid-resistance mechanism research on Ammopitanthus mogoliacus [J]. Journal of Desert Research, 2001, 21 (3): 312-316.